U0155926

感谢欧盟透过“国际城镇合作：可持续及创新区域及城市——亚洲区”项目的支持，使得本书得以出版。其中内容完全由本书作者负责，并不一定反映欧盟的看法。

EU

中欧城市适应气候变化

CHINA

CLIMATE ADAPTATION IN CITIES

政策与实践

POLICY AND PRACTICE

[德] 帕勃罗 · 甘达纳　郑　艳　主编
金竞男　执行主编

社会科学文献出版社
SOCIAL SCIENCES ACADEMIC PRESS (CHINA)

合作机构介绍

- 欧盟国际城镇合作（亚洲区）项目

国际城镇合作项目 (IUC) 是欧盟外交政策工具下的项目，旨在促进欧盟与亚洲及美洲伙伴的国际城市合作。城市是世界经济和文化活动的主要中心，作为大多数人居住及工作的场所，城市越来越被看成是解决重大社会问题和环境挑战的主战场，因此必须制定和实施解决方案。

国际城镇合作项目（IUC）使全球不同地区的城市能够彼此联系并分享共同面临问题的解决方案。欧盟长期战略的一部分，就是把公共和私营部门、研究和创新代表、社区团体和公民相结合，共同促进城市可持续发展。通过参与 IUC 项目，城市间有机会互相分享和交流知识，建设一个更绿色、更繁荣的未来。

IUC 项目是各城市学习、设立远大目标、建立持久伙伴关系、测试最新解决方案、提高国际形象的平台。IUC 活动支持达成政策目标及与城市发展和气候变化相关的主要国际协定，例如《城市议程》、可持续发展目标以及《巴黎协定》。此外，IUC 项目还支持各地城市实施欧洲绿色新政，其目标在于让我们的经济更具可持续性、把环境和气候的挑战化为机遇，同时确保新发展模式的转型对所有欧洲公民都是公正公平的。

通过这些活动，IUC 项目支持中欧在不同领域，包括城市发展以及气候行动上的合作。在气候适应方面，IUC 项目与中国社会科学院可持续发展研究中心合作，除了安排实地调研、举行国际研讨会，还赞助出版有关气候适应政策及实践的专著。在减少温室气体排放方面，本项目则与国家应对气候变化战略研究和国际合作中心（NCSC）合作，举办数次国际研讨会并支持中欧城市低碳发展比较的研究。这些活动均得到中国生态环境部的认可。

- 中国社会科学院可持续发展研究中心

中国社会科学院可持续发展研究中心（Research Centre for Sustainable Development，RCSD）成立于1997年，为中国社会科学院院级非实体研究中心，潘家华学部委员担任中心主任。中心挂靠在中国社会科学院生态文明研究所，主要从事可持续发展领域的学术理论和政策实践研究。中心以生态文明研究所从事可持续发展、气候变化政策研究的学者为核心成员，聘请相关领域中外学者作为客座研究员及访问人员。中心的主要研究领域包括可持续发展经济学、全球气候变化与国际气候制度、联合国可持续发展议程及其中国实践、可持续城市研究等。

可持续发展研究中心在国内外享有良好声誉。2003年，中心在《联合国气候变化框架公约》秘书处注册为非政府组织（NGO），作为观察员多次组团参加联合国气候变化大会，组织边会并接受国际媒体的采访。中心积极推动地方基地建设，2014年在可持续发展研究中心下成立了内蒙古气候政策研究院，2021年与江苏省盐城市黄海湿地研究院共建“黄海湿地可持续发展研究基地”。近年来，中心因学术活动和科研成果丰富，社会影响力显著，在院非实体中心年检中被评为“A”类中心。

资助课题

科技部国家重点研发计划“重大自然灾害监测预警与防范”项目专题“我国重点领域和典型脆弱区的气候风险及适应研究”（课题编号：2018YFC1509003）

国家社会科学基金项目“气候适应型城市多目标协同治理模式与路径研究”（课题编号：18BJY060）

灾害风险综合研究计划中国国家委员会（IRDR-CHINA）“城镇灾害风险综合研究”工作组年度项目（2020—2021 年）

主编简介

帕勃罗·甘达纳 欧盟国际城镇合作项目（IUC）主任（2017~2020）。作为城市可持续性发展领域的专家，十多年来甘达纳先生一直致力于推动欧盟与中国城市间的合作项目，尤其是国家发改委与欧盟委员会（地区总司）间的中欧高层区域政策对话。在 IUC 项目中，他协调安排了 20 多位专家在印度尼西亚、马来西亚、越南和韩国制订气候行动计划。此外，他还在这些国家开展气候行动的大规模能力建设活动。在中国，甘达纳先生在生态环境部的指导下，与中国社会科学院（CASS）及国家应对气候变化战略研究和国际合作中心（NCSC）合作举办 IUC 活动。此外，甘达纳先生还率领中国／亚洲的高层专家代表团访问了欧盟 27 个成员国中的 23 个。

郑　艳 经济学博士，中国社会科学院生态文明研究所研究员，中国社会科学院可持续发展研究中心副秘书长。美国哈佛大学访问学者，联合国政府间气候变化专门委员会（IPCC）第六次科学评估报告主要作者，“未来地球计划”中国国家委员会委员。主要研究领域为气候变化经济学，气候风险治理，韧性城市，气候公平和气候贫困等。在《经济研究》《中国软科学》《中国人口·资源与环境》《气

候变化研究进展》《世界社会科学报告》《适应气候变化经济学手册》等国内外学术期刊或出版物上发表研究成果数十篇。主持国家自然科学基金、社会科学基金及国际合作、省部级和地方委托项目十余项。

执行主编

金竞男 毕业于台湾大学资讯工程系，戴胜山房出版社负责人，专注以现代数位科技复制再现中国古代书法绘画精髓，并于两岸数地举办下真迹一等书画特展，促进民众对博物馆藏品的认识与欣赏。热衷翻译，除笔译英美推理小说外，还在中欧职业教育培训项目中担任口译工作。自2019年投入欧盟国际城镇合作项目工作以来，协助促进中国及欧洲试点城市间的多层次交流，与生态环境部国家应对气候变化战略研究和国际合作中心、中国社会科学院可持续发展研究中心携手举办多次低碳及气候适应的国际研讨会，并参与编撰本项目赞助的数项出版刊物。

编纂委员会成员

序言一 （欧盟委员会气候行动总司）

减排在人类避免气候变化造成灾难性影响的努力中将发挥关键性作用。然而，自19世纪以来产生的碳排放已经对人们的健康、水资源、粮食生产、基础设施、经济、政治和社会稳定造成了严重影响。即便我们能够达成气候变化公约《巴黎协定》制定的减排目标，全球数百万人的健康和福祉依然会受到气候变化这一不可逆过程的影响。

因此，世界各地的城市需要制订计划，以应对气候变化在各领域和机制层面上造成的不可避免的影响。

为了实现从新冠肺炎疫情中复苏，各国将在经济刺激方面做出历史性的投入。我们需要把这些资金投入绿色、低碳和气候适应性的城镇未来发展中，而这样做也有利于未来数十年中欧双方中长期气候变化目标的达成。与其感慨路难行，不如马上出发：气候变化已是既成事实，气候变化已然带来诸多人类灾难和重大经济损失。

气候变化对人类生命、财产和生计安全造成重大威胁，我们需要认识到提升城市居民适应气候变化威胁能力的紧迫性，尤其相关预测显示，截至2050年将有更多比例的世界人口生活在城市中。

中国城市是这一领域的先行者，城市在贯彻落实中央政府政策方面发挥着关键作用。在应对气候变化影响方面，中国城市在通过实际行动应对气候变化方面极具创造性，例如应对洪涝灾害及绿地在城市景观中的融合等方面。

在欧盟国际城镇合作项目及欧盟在气候和能源方面提出的《全球市

长盟约》的框架下，欧盟同中国积极交流经验、开展合作。中欧双边城市合作在包括城市数据和跨学科气候风险评估与规划等诸多关键领域开展行动，产生切实成果。

通过适应性策略，欧盟得以从国家和次国家层面上提升其应对气候变化的适应性；提倡在发展气候变化适应性领域进行基础设施建设和投资；将气候变化适应性融入欧盟政策，从水资源到农业，降低灾害风险。

最近的政策评估显示，我们需要采取更紧迫、更全面的行动，我们不仅需要为合作伙伴提供适应性方面的支持，还需要从治理角度提供全方位的支持。这一点在欧洲绿色新政中得以体现，并被视为欧盟委员会新发展适应战略的关键要素之一。

将气候变化风险纳入同联合国可持续发展目标有关的投资和发展决策中既是必要的，也是可能的，更是符合成本效益的。这不仅可以帮助市长、城市居民和企业避免损失，还将带来社会、经济和环境协同效益。在某些行业，今日 1 欧元的投资可以带来明日 10 欧元的回报。根据全球气候适应委员会预测，2020~2030 年，在五个气候变化适应相关领域付出 1.8 万亿美元的投资将会产生最高 7.1 万亿美元的净收益。

经过妥善的计划和执行，对提升全人类的福祉，尤其是对提升城市中的弱势群体福祉而言，气候变化适应领域的投资绝对物超所值。有远见的市长们已经发挥了领导作用，改变了“一切照旧”的模式，朝着气候变化适应长期战略与灾害风险管理相结合的方式迈进。在本书中我们将为您列举诸多颇具启发性的欧盟案例。

欧盟委员会气候行动总司气候变化适应司　副司长

埃琳娜·维斯纳·马利诺夫斯克　女　士

序言二 （中国生态环境部应对气候变化司）

中国是全球最大的发展中国家，也是最易受气候变化不利影响的国家之一。习近平主席多次强调，应对气候变化是中国可持续发展的内在需要，也是推动构建人类命运共同体的责任担当。中国政府一直将应对气候变化作为生态文明建设、推动经济高质量发展、建设美丽中国的重要抓手，采取了应对气候变化的积极行动。

在生态环境部、国家发展改革委等相关部门推动下，适应气候变化工作有序开展。2007 年成立了国家应对气候变化领导小组，发布了《中国应对气候变化国家方案》。2009 年起每年发布《中国应对气候变化的政策与行动》年度报告，介绍中国在减缓与适应气候变化领域的最新进展。2013 年 11 月，中国九部委联合发布《国家适应气候变化战略》，明确提出城市化地区、农业发展地区和生态地区是适应气候变化的重点地区。《国家应对气候变化规划（2014–2020 年）》发布，确立了“统筹国内与国际、当前与长远、减缓与适应并重”等应对气候变化的指导方针。中国还参与发起了全球适应委员会（Global Commission on Adaptation），于 2019 年 6 月成立了全球适应中心（Global Center on Adaptation）中国办公室，积极推动适应气候变化的国际合作。

近年来，在全球气候变化的大背景下，气候变化引发的城市安全问题日益突出。中国 70% 以上的城市、50% 以上的人口分布在气象、地质和海洋等自然灾害严重地区。人为活动的影响，叠加气候变化的不确定性，使得中国许多城市面临难以预料的新风险。其中既有突破时空尺度的极端天气事件，又有渐近性环境变化引发的可持续发展挑战。1978~2019 年，中国的常住人口城镇化水平从 18.7% 上升至 60.6%，城镇人口从 1.7 亿增加到 8.48 亿，城市数量达 684 个。预计到 2035 年，中国城镇化率将达到 70% 以上。随着中国城市化进程的加快，风险暴露度将持续增大。

为了应对气候变化，国际社会积极建设韧性城市，制定城市适应气候变化规划，提升城市应对气候变化风险的能力。中国的韧性城市实践主要是参与国际项目和政府部门主导推进两种途径，包括气候适应型城市试点、海绵城市试点、国际韧性城市试点等。目前生态环境部应对气候变化司正在积极编制《国家适应气候变化战略 2035》，“气候适应型城市”建设试点于 2020 年底告一段落，《中欧城市适应气候变化：政策与实践》一书选录了中国和欧盟城市具有代表性和典型意义的城市案例，一方面，有助于中欧城市决策管理者分享经验、加强交流与沟通；另一方面，中国试点城市也可以进一步推广先进经验，充分借鉴欧盟城市适应气候变化的创新机制，提升城市应对气候变化及关键灾害风险的能力。例如，制定城市韧性战略，利用基于自然的解决方案改善城市生态环境、缓解热岛和内涝风险，发展气候金融和天气保险产品，培育绿色产业和就业，实现城市转型等。

我相信本书有助于为中国地方城市推进适应气候变化的政策和行动提供有益的参考。期待中国和欧盟在建设气候韧性城市领域加强学术交流、技术分享和项目合作，为全球城市地区实现气候韧性发展做出积极贡献。

中国生态环境部应对气候变化司
蒋兆理副司长

序言三（中国社会科学院可持续发展研究中心）

城市既是灾害的受体或载体，也是灾害诱发放大或衰减要素。因而，城市与灾害具有复杂的关联性（city-disaster nexus），体现为一种双向影响机制。联合国政府间气候变化专门委员会（IPCC）第五次科学评估报告指出，气候变化与城镇化过程密切相关，气候变化风险、极端气候事件加剧了人居环境的脆弱性和暴露度。极端气候事件与人居环境、城市社会经济活动交织在一起，诱发次生灾害和灾害链事件，影响城市运行安全和持续发展。

从气候变化对城市灾害的影响来看，气候变化影响城市局地气候要素如温光水和大气环境，影响人居环境的舒适性。极端天气气候事件会直接影响水电气等生命线的安全供给以及基础设施的安全运行。从城市对气候变化的影响来看，不合理的城市发展会加剧脆弱性，诱发和放大灾害风险。中国近几十年来，土地城镇化速度一直快于人口城镇化进程，大量农地和生态绿化用地被作为工业和基础设施占用，城市人居环境品质持续下降。城市地区人口和建筑物密集容易产生热岛、雨岛、雾岛等特有的气候效应，包括一些新型、复合型气候灾害如高温热浪、雾霾、雷暴、内涝和干旱等。此外，城市贫富差距分化、公众意识不强和政府的灾害应急响应能力不足等社会因素，也会诱发或放大灾害风险。

城市地区既是应对气候变化的关键地区，也是探索气候试点和创新机制的政策实验室。中国未来应对气候变化以实现 2060 年碳中和为目标，必须有效协同减排、适应和发展目标。例如，常住人口超过2100万的北京历史上曾是一个水资源非常丰沛的地区，北京市海淀区即以多湖沼而得名。明万历初年（16世纪后期）北京湿地面积达5200平方公里，21世纪初只剩下526平方公里，除了20世纪后期干旱少雨的气候影响外，城市化导致的人口增加和开发建设是最主要的因素。2010年代后期，包括城外年均调入的十多亿立方米水，北京市人均可用水资源量不足200立方米，只有全国水平的1/10，不到全球平均水平的3%。2014年以来实施的南水北调工程为北京和周边城市地区提供了一条额外的供水生命线，是中国发挥制度优势的工程性适应举措。

韧性城市（resilient cities）是基于韧性理论、以可持续性发展为目标、具有前瞻性和系统性思维的城市发展理念。尽管在城市规划建设中考虑了自然状况，我国许多城市在气候变化和极端天气气候事件影响下，仍往往暴露出脆弱性突出、韧性缺失的一面。根据对中国280多个地级以上城市的评估，应对暴雨灾害达到中高韧性水平的城市只占到全国城市总数的11%，绝大部分都属于低韧性水平。以分别位于东、中部和沿海地区的北京、湖北武汉、浙江余姚发达城市为例，尽管经济发展、城市化水平、排水管网密度及应对暴雨绿色基础设施（建成区绿化率）等韧性指标都远远超过了全国大多数城市，但其仍然在突破历史纪录的极端强降水天气下遭遇了严重的城市水灾。中国社会科学院在上海市等沿海发达地区的社会调查表明，对适应工作理解不到位、资金和人力不足、部门之间缺乏信息沟通和协作机制、研究基础薄弱、科普宣传和公众参与力度不够等问题，是提升我国城市综合适应能力的主要机制障碍。

“建设包容、安全、韧性的可持续城市和人类住区”是联合国2030年可持续发展议程中的重要目标之一。欧洲国家长期积极应对气候变化，在低碳城市、韧性城市政策和实践领域积累了许多丰富的经验。在本书分享的欧洲城市案例中，一些发达城市应用了新的“韧性规划”理念和技术，不仅提升了城市应对暴雨、洪涝、热岛和高温干旱等极端气候风险，而且通过城市更新和生态设计，提升了城市竞争力，向可持续城市转型。了解欧洲国家建设韧性城市的创新实践，有助于推动中国制定因地制宜的适应策略，并为其他发展中国家的城市地区提供有益参考。

中国社会科学院学部委员，可持续发展研究中心主任

潘家华

前　言

以防范风险为核心目标的韧性城市建设正在成为提升城市综合竞争力的主流路径。“包容、安全、有韧性的可持续城市和人类住区”是联合国2030年可持续发展议程中的重要目标之一。近年来，伴随着快速的人口城市化进程，气候变化引发的灾害风险日益突出。极端天气气候灾害可能引发灾害连锁效应，导致城市运转失灵，削弱城市竞争力和可持续发展潜力。具有应对灾害恢复力的城市更具可持续性，而缺乏恢复力的城市则在非传统灾害等外部冲击下极度脆弱。对此，国际社会提出了建设“韧性城市”（Resilient Cities）的理念。2010年3月，联合国减灾战略署发起“让城市更具韧性”运动，以加强应对气候灾害风险，建设可持续城市。2015年以来，我国先后启动了30个国家级海绵城市试点、28个气候适应型城市建设试点。2010年6月，联合国减灾委员会（UNISDR）与地方政府可持续理事会（ICLEI，宜可城）在德国波恩发起了第一届“国际韧性城市大会”，并开发了一套城市韧性的评价指标以指导全球试点城市制定城市韧性战略。目前全球已有1000多个城市参与了各种韧性城市项目，将适应气候变化、防范灾害风险融入韧性城市建设的理念与实践正在深入落地。

从全球范围来看，各国城市适应工作途径及所产生的成效差异较大。各国由于政治文化体制差异，推进适应气候变化的政策路径有所不同，有的是自上而下经由国家适应战略的推动，有的是城市政府和社会各界自下而上的自觉行动。与减缓气候变化行动相比，全球城市适应行动还处于初期阶段。对全球五大洲350多个地方城市的调研结果表明，大多数城市都考虑了减排与适应目标，并将适应气候变化目标纳入了地方长期规划，但是许多关键部门如水务、废水处理、健康、建筑标准等仍然处于城市适应行动的边缘地带[①]。另外，欧美发达城市适应行动涉及范围较广，而发展中国家城市的适应行动仍然侧重于传统的防灾减灾工作，忽视从城市更新、提升竞争力、社会公平与弱势群体保护、气候资源开发、绿色投资等社会经济发展目标的多层面切入。对发展中国家城市应对气候变化已有工作分析表明，有效的适应决策必须协同实现减排、风险防范和发展目标，且有赖于政府支持、部门合作及社会参与。此外，一项针对美国与法国 377 个城市的比较研究表明，加入 C40、欧洲市长盟约、宜可城等全球城市网络的城市，相比其他城市更早启动适应行动和适应规划[②]。

从中国的具体实践来看，城市适应目标已被纳入国家战略和地方行动。中国政府逐渐认识到城市适应气候变化的重要性，先后三次发布和更新了《气候变化国家评估报告》，在区域层面完成了全国八大区域的气候变化评估报告。这些报告明确指出应充分认识到城市适应气候变化的迫切性。随着适应气候变化的深入开展和政策的逐渐下移，城市作为适应气候变化的重要单元，在适应气候变化工作中扮演着越来越突出的作用[③]。

近年来，中国在提高城市适应能力方面开展了大量工作。2013 年 11 月发布的《国家适应气候变化战略》，明确了东、中和西部城市化区域适应重点任务。2015 年中国气象局发布的《中国极端天气气候事件和灾害风险管理与适应国家评估报告》提出了将灾害风险管理与城市适应气候变化紧密结合的创新城市治理模式。中国积极推进城市领域的政策规划和试点示范，例如，通过气候适应型城市试点推动城市层面的适应规划，借助海绵城市试点提升城市水环境和抵御水旱灾害能力，通过装配式建

---

① Aylett, A., "Institutionalizing the Urban Governance of Climate Change Adaptation: Results of an International Survey", *Urban Climate*, 14 (2015) 4–16.

② Heikkinen, M., A. Karimo, J. Klein, et al., "Transnational Municipal Networks and Climate Change Adaptation: A Study of 377 Cities", *Journal of Cleaner Production*, 257 (2020) 120474.

③ 彭斯震、何霄嘉、张九天、马欣、孙傅、刘少华：《中国适应气候变化政策现状、问题和建议》，《中国人口 · 资源与环境》2015 年第 9 期，第 1~5 页。

筑示范城市、地下管廊综合试点城市等加强城市基础设施的气候适应性，减小风险暴露度。这些政策实践在不同程度上提升了试点城市的适应能力和应对灾害影响的恢复能力。

本书由欧盟国际城镇合作项目（IUC）和中国社会科学院可持续发展研究中心联合编著，汇集了欧盟、中国的专家学者、国际机构项目官员及地方城市的决策管理者，共同编选了欧盟与中国城市在适应气候变化、灾害风险管理、韧性城市建设等相关领域的最新研究成果与典型案例，旨在分享中欧城市的政策和实践经验，为中国正在推进的《国家适应气候变化战略 2035》编撰工作提供参考和借鉴。

全书分为两个部分：欧洲篇、中国篇，其中分别介绍了欧盟与中国城市适应气候变化的政策与实践案例。

本书基于 IUC 项目开展的一系列地方城市调研、中欧专家研讨会和交流活动，广泛撷取了欧盟与中国学者最新学术研究思想和观点，并将其融入本书的逻辑框架和内容设计之中。创新点表现在以下方面：（1）基于系统科学理论，从制度、社会、经济、生态环境和技术五个方面构建了新的系统分析框架，为开展适应气候变化政策规划研究提供了理论分析基础；（2）采用参与式适应规划方法开展了典型城市案例研究（如江苏盐城案例）；（3）充分展示了欧盟成员国建设韧性城市、制定城市适应战略的最新政策经验，例如在城市更新、基于自然的解决方案、提升城市可持续竞争力等方面的优秀案例和做法。

中国政府正在积极推进适应气候变化工作，城市管理者和决策者也日益重视提升城市韧性对于可持续发展的重要意义。本书编委会和编者相信本书分享的理论、方法和案例有助于启发国内地方城市更好地理解和开展城市适应行动，建设更多美丽、韧性、宜居的城市。

叶 谦 北京师范大学教授

郑 艳 中国社会科学院可持续发展研究中心

目　录

第一部分：欧洲篇

第二部分：中国篇

第一部分：欧洲篇

I　欧盟适应气候变化的政策机制*

一　概述

本文探讨了欧盟及其成员国在适应气候变化方面所开展的实践和采取的方法。首先，介绍了欧盟气候适应政策的环境和背景，总结了2013年出台的《欧盟适应气候变化战略》，包括对该战略重点事项和行动的描述，以及2018年对于该战略实施情况的评估。其次，总结了欧盟在跨国、国家、地区和地方各级政府行政部门执行气候适应措施方面的工具和资金机制。其中包括信息共享工具和资金机制，以及通过《欧盟气候与能源市长盟约计划》，概述了欧盟在提升城市适应和韧性能力方面的做法。最后，根据欧盟经验提出了相关政策建议。

二　欧盟适应气候变化的方法

（一）对"适应"的定义

在国际层面上，应对气候变化的政策主要有两种：减缓和适应。两

---

* 作者：雷恩·格兰西，欧盟国际城市合作项目专家。
本文原载于谢伏瞻、刘雅鸣主编《应对气候变化报告（2019）：防范气候风险》，社会科学文献出版社，2019。

者都是必要的，减缓的目的是通过减少温室气体（GHG）排放来避免影响，适应是一种根据实际或预期的影响进行调整的过程，以减轻危害和 / 或减轻影响的严重程度[①]。适应的概念侧重于在气候变化发生前构建应对能力和预防或限制气候变化带来的损失，而不是在气候变化发生后处理其后果，从而能挽救生命、生计、经济和减少对生物多样性的破坏和影响。

适应性措施的案例包括：改变大规模的基础设施，比如修建抵御海平面上升的防御设施，或者改善公路和铁路网络，以抵御温度上升。适应措施还包括行为变化，如提高稀缺水资源的使用效率，使建筑标准适应未来气候条件和极端天气事件，开发和种植耐旱作物，选择更能耐受风暴和火灾的树种，留出土地廊道帮助物种迁移，进行脆弱性评估或购买额外的保险。通过构建适应能力，人类也有可能从气候变化的影响中受益，例如，在以前不适宜的地区种植作物。

（二）推动欧盟适应气候变化的因素

1. 气候变化的代价

2012 年，欧洲环境署（European Environment Agency，EEA）发布了一份报告，预计欧盟层面上不适应气候变化带来的经济、环境和社会成本将从 2020 年的 1000 亿欧元 / 年上升到 2050 年的 2500 亿欧元 / 年[②]。这份报告不仅为欧盟制订采取相应行动计划提供了动力和理由，还推动了《欧盟适应气候变化战略》于 2013 年出台。

气候变化已经对欧洲的生态系统、经济产业、人类健康和福祉产生了广泛影响。据报道，1980~2016 年，欧洲因天气和其他与气候有关的极

① United Nations Framework Convention on Climate Change. *Fact Sheet: The Need for Adaptation.* https://unfccc.int/files/press/application/pdf/adaptation_fact_sheet.pdf.

② EEA Report No 12/2012. *Climate Change, Impacts and Vulnerability in Europe.* https://www.eea. europa.eu/publications/climate-impacts-and-vulnerability-2012.

端情况所造成的经济损失总计超过 4360 亿欧元。[①]

除了经济代价外，气候变化的社会代价也是巨大的。2012 年，欧洲环境署报告称，1980~2011 年，欧盟境内的洪灾造成 2500 多人死亡，受灾人口超过 550 万人。如果再不采取适应措施的话，到 21 世纪 20 年代，每年将新增 2.6 万人死于高温，到 21 世纪 50 年代，这一数字将升至 8.9 万人[②]。

另有报告指出，如果不采取任何有效措施，到本世纪末，每年欧洲关键基础设施受到的破坏可能会显著增加（维护费用从目前的 34 亿欧元增加到 340 亿欧元）[③]。

2. 适应的费用

适应气候变化的总费用将取决于气候变化的严重程度和所选择措施的范围。最昂贵的适应措施包括改良基础设施、加强沿海和洪水防护等。因此，费用最高的地区不一定是脆弱性最大的地区，而是有大量基础设施需要抵御气候变化的地区。低费用措施可作为适应气候变化的一部分，如改变日常行为、转变耕作方式和进行监管改革。如果各国提前计划，适应气候变化的费用将会显著降低。

尽管欧盟还没有对适应气候变化的成本进行全面的评估，但据相关预测，到 21 世纪 20 年代，新增的防洪措施花费将达到每年 17 亿欧元，到 21 世纪 50 年代将达到每年 34 亿欧元。每花费 1 欧元在防洪上，欧盟就可以避免 6 欧元的损失[④]。

---

① EEA Report No 15/2017.*Climate Change Adaptation and Disaster Risk Reduction in Europe*. https://www.eea.europa.eu/publications/climate-change-adaptation-and-disaster.

② EEA Report No 12/2012. *Climate Change, Impacts and Vulnerability in Europe*. https://www.eea.europa.eu/publications/climate-impacts-and-vulnerability-2012 .

③ Forzieri et al., 2018.*Escalating Impacts of Climate Extremes on Critical Infrastructures in Europe*. Global Environmental Change.48.97–107. Study from the European Commission's Joint Research Centre. https://www.sciencedirect.com/science/article/pii/S0959378017304077C.

④ Feyen, L., Watkiss, P., 2011. *River Floods: The Impacts and Economic Costs of River Floods in the European Union, and the Costs and Benefits of Adaptation*. Technical Policy Briefing Note Series. Oxford: Stockholm Environment Institute. https://www.sei.org/publications/river-floods-the-impacts-and-economic-costs-of-river-floods-in-the-european-union-and-the-costs-and-benefits-of-adaptation/.

（三）欧盟在气候适应方面的作用

鉴于气候变化影响的具体性和广泛性，国际组织，跨国机构，国家、地区和地方各级行政部门都需要采取气候适应战略。

由于欧洲地区气候影响在类型、严重程度和性质上各有不同，最实用的适应性解决方案需要着眼于地区或地方层面，欧盟层面的有效作为，是促进各层级政府间协调、支持和统一的关键所在。

欧盟通过出台欧盟立法工具（例如法律和指令）来设定高级目标、宗旨和政策，并通过提供信息共享工具和资金机制来给予支持和协调。

综上所述，欧盟在气候适应方面的作用如下[①]：

- 为适应气候变化提供资金，并向地区和地方当局提供技术支持，使其获得资金并满足要求；
- 制定地区、国家和欧盟的适应法规 / 准则，例如《欧盟适应气候变化战略》，并在相关领域纳入现有和未来的法律法规；
- 提供、收集和共享相关信息，从而制定适应战略并交流良好实践案例；
- 定义一套欧盟通用的方法和指标，以评估适应项目的成效，并监测脆弱性和风险的演变过程；
- 支持在欧盟范围内创建适应气候变化的跨国网络。

除了欧盟委员会在政策制定方面的工作外，欧洲环境署因为与气候适应议题密切相关，所以在制定、通过、实施和评估相关法律和环境政策以及“科学验证”过程方面可以提供独立的“第三方”信息。欧洲环境署提供了一套出版物，以指导和审查欧盟层面的政策制定工作。

在国家层面，欧盟成员国的作用是为适应气候变化和向各国城市灌

---

① *Guidebook "How to Develop a Sustainable Energy and Climate Action Plan (SECAP)" PART 3 – Policies, Key Actions, Good Practices for Mitigation and Adaptation to Climate Change and Financing SECAP(s)*. http://publications.jrc.ec.europa.eu/repository/bitstream/JRC112986/jrc112986_kj-nc-29412-en-n.pdf.

输知识提供法律基础和标准。本文后面将介绍国家、地区和地方当局的作用。

（四）欧盟适应方式的演变

欧盟委员会于 2005 年开始考虑适应欧洲气候变化的必要性，并于 2009 年发表了题为《适应气候变化：向欧洲行动框架迈进》的白皮书（以下简称《欧盟白皮书》）。这份白皮书提出了将适应措施纳入欧盟各行业的各类行动，在其发表后，许多欧盟成员国通过了国家适应战略（NAS），一些国家还制订了具体的行动计划。

欧洲环境署于 2012 年发表了题为《欧洲的气候变化、影响和脆弱性》的报告[①]，其中明确指出了不适应气候变化的代价，欧盟委员会随后制定了《欧盟适应气候变化战略》[②]。

该战略的主要目标是通过加强地方、地区、国家和欧盟各级应对气候变化影响的准备工作和能力，制定统一改善协调的办法，为建设更具有气候适应能力的欧洲做出贡献[③]。

2018 年 11 月，欧盟委员会对该战略进行了评估（见图 1），并发表了一份报告[④]。下文总结了从这项评估中吸取的教训。

图 1　欧盟气候适应政策演变的重要里程碑

---

① EEA Report .2012. *Climate Change, Impacts and Vulnerability in Europe. No* 12. https://www.eea.europa.eu/publications/climate-impacts-and-vulnerability-2012.

② European Commission. 2013. *An EU Strategy on Adaptation to Climate Change.* https://eur-lex.europa.eu/legal-content/EN/TXT/?uri=CELEX:52013DC0216.

③ European Commission .2013.*An EU Strategy on Adaptation to Climate Change.* https://eur-lex.europa.eu/legal-content/EN/TXT/?uri=CELEX:52013DC0216.

④ European Commission .2018.*Report on the Implementation of the EU Strategy on Adaptation to Climate Change.* https://eur-lex.europa.eu/legal-content/EN/TXT/?uri=COM:2018:738:FIN.

三　欧盟的适应政策和战略

（一）《欧盟适应气候变化战略》

1. 战略概述

2013 年，欧盟委员会出台了《欧盟适应气候变化战略》[①]（以下简称《战略》）。在 2009 年《欧盟白皮书》发布之后，这一《战略》成为欧盟适应政策最重要的一环。这一《战略》的目标是通过加强地方、地区、国家和欧盟各级应对气候变化影响的准备工作和提升能力，制定统一的办法，改善协调机制，为建设更具有气候适应能力的欧洲做出贡献。

《战略》确定了下列三个主要目标。

（1）督促欧盟成员国采取行动。欧盟委员会鼓励各成员国采取全面的适应战略，并将提供资金帮助其构建适应能力和采取行动。委员会还通过《欧盟气候与能源市长盟约计划》支持城市对气候变化的适应。这一优先任务旨在提高欧盟各国的气候韧性。

（2）更明智的决策。欧盟委员会将解决适应气候变化方面的知识差距问题，并进一步发展欧洲气候适应平台，作为共享信息的一种方式（Climate-ADAPT）[②]。

（3）"抵御气候变化"欧盟行动：促进关键脆弱性领域的适应。欧盟委员会将促进农业、渔业和凝聚政策等关键脆弱性领域的适应，确保欧洲基础设施更具韧性，并推广采用自然和人为灾害保险。

这些目标的实现将通过 8 项执行行动来阐述，如表 1 所示。

---

① European Commission.2013.*An EU Strategy on Adaptation to Climate Change.* https://eur-lex.europa.eu/legal-content/EN/TXT/?uri=CELEX:52013DC0216.

② https://climate-adapt.eea.europa.eu.

表1《欧盟适应气候变化战略》(2013)的目标和行动[①]

目标	行动
1. 督促欧盟成员国采取行动	i. 鼓励各欧盟成员国采取全面的适应战略(成员国战略) ii. 提供资助，以支持欧洲的能力建设和增强适应行动(LIFE) iii. 将适应气候变化引入《欧盟气候与能源市长盟约计划》框架
2. 更明智的决策	iv. 弥合知识差距 v. 进一步把 Climate-ADAPT 发展成为欧洲适应信息的“一站式商店”(Climate-ADAPT)
3.“抵御气候变化”欧盟行动：促进关键脆弱性领域的适应	vi. 促进共同农业政策、欧洲结构和投资基金和共同渔业政策(CAP/ESIF/CFP)抵御气候变化的能力 vii. 确保基础设施更具韧性 viii. 在韧性投资和商业决策中尽可能使用保险和其他金融产品

2. 协调

《战略》的实施由现有的委员会负责监督，该委员会由欧盟委员会和每个成员国的代表组成。气候变化委员会监督政策协调和信息共享情况，代表们负责提高认识和汇报活动情况。

3. 为气候适应筹资

充足的资金是实施该战略并实现建设气候适应型欧洲之目标的关键因素。欧盟委员会利用下列机制向欧盟成员国、各地区和城市提供资金。

- 欧洲结构和投资基金(ESIF);
- 地平线 2020 项目;
- LIFE 计划;
- 其他资金机制。

此外，欧洲投资银行(EIB)、欧洲复兴开发银行(EBRD)等欧盟基金和国际金融机构也会向适应措施提供支持。成员国还可以利用欧盟排放交易体系(EU-ETS)的收入作为适应气候变化的资金。下文将提供关于欧洲和国家层面现有资金机制的更多资料。

4. 监测、评估和审查

《战略》规定了监测和评价各项目标与行动执行进展情况的相应程

---

① European Commission.2013. *An EU Strategy on Adaptation to Climate Change.* https://eur-lex.europa.eu/legal-content/EN/TXT/?uri=CELEX:52013DC0216.

序。监测和审查气候变化适应政策对于确保其长期有效性至关重要。《战略》的重点是利用 LIFE 基金和其他资源，制定相关指标，以帮助评估整个欧盟的适应措施和脆弱性。

2018 年，欧盟委员会向欧洲议会和理事会汇报了该战略的实施情况。下文将对此进行阐述。

（二）影响欧盟适应的其他国际框架和机制

《战略》自 2013 年发布以来，《联合国 2030 年可持续发展议程》[①]《仙台市减少灾害风险框架》[②]，特别是《巴黎协定》[③] 等相关国际框架已陆续实施。这些框架加强了支持全球适应气候变化的政治势头。

《联合国气候变化框架公约》缔约方在《巴黎协定》签署前的一项要求是，每个成员国应提交一份《国家自主贡献预案》（INDC）。欧盟于 2015 年 3 月提交了《国家自主贡献预案》[④]，提出到 2030 年减排 40% 温室气体的总体目标。纳入气候适应目标和活动是《国家自主贡献预案》的一项可选内容，其目的是在缔约方之间推动实现更高的减排目标，欧盟提交的预案有意侧重于减排，但没有包括任何与适应相关的目标。

在全球范围内，《巴黎协定》提高了适应气候变化的抱负，并将其作为各缔约方做出贡献的目标，如制订计划 / 战略，分享知识和总结经验教训。它还需要定期监测和修订适应政策。到 2023 年，欧盟作为《巴黎协定》的缔约方，需要就适应气候变化的进展和行动做出报告，并在适

---

① European Commission.2017. *The New European Consensus on Development — Our World, Our Dignity, our Future.*

② The Third UN World Conference. *The Sendai Framework for Disaster Risk Reduction 2015-2030.* Sendai, Japan.2015.

③ The United Nations Framework Convention on Climate Change (UNFCCC).*The Paris Agreement.* 2016 .

④ Latvia and the European Commission on Behalf of the European Union and its Member States. Riga. 2015. https://www4.unfccc.int/sites/submissions/INDC/Published%20Documents/Latvia/1/LV-03-06-EU%20INDC.pdf.

当时机评估其战略和政策。目前的战略可能会得到更新，以确保与这一框架保持一致。

（三）欧盟适应战略评估

2018年，欧盟委员会发布了对《战略》的评估或审查结果。评估结果载于一份报告，其中叙述了所吸取的教训和改进建议。评估工作按照下列五项准则进行：

（1） 有效性；

（2） 效益；

（3） 关联性；

（4） 一致性；

（5） 欧盟附加值。

评估工作的证据通过缔约方文献审查、针对性调查、公众调查、访谈、讲习班和个案研究进行收集。

评估报告[①]得出的结论是，虽然《战略》的广泛目标尚未完全实现，但已取得了一定进展。总的来说，政策方面已经不再完全把重点集中在减缓上，而是更多地集中在适应气候变化以及为不可避免的影响做好准备的必要性上，从广义上说，这是成功的。

从评估过程中吸取的教训总结如下：

- 对适应问题的了解已经加强，现在可以更具体地应用于决策（特别是对最脆弱的地区/领域）；
- 就长期基础设施投资而言，考虑气候适应能力至关重要；
- 《战略》的行动以及相关工具和资源可以更好地融合，更加协调一致；
- 《战略》应更好地结合国际层面对气候变化的适应，使之与全球集体政策协调一致；

① European Commission.2018.*Report on the Implementation of the EU Strategy on Adaptation to Climate Change*. https://eur-lex.europa.eu/legal-content/EN/TXT/?uri=COM:2018:738:FIN.

- 需要更好地简化流程，以便跟踪国家级适应行动的进展，促进同行学习交流，并帮助加速落实适应行动；
- 在制定地方适应战略方面的进展比设想的要慢，各成员国之间也有很大差异（可能与国家法律法规有关）。

评估报告提出了以下改进建议：

- 改进减少灾害风险的方法和指标；
- 更好地整合沿海地区的适应政策，改进欧盟的海洋和渔业政策（考虑到预计的海平面上升）；
- 为可能没有将气候变化充分纳入当前风险管理实践的私营领域投资者和保险公司开发相应的工具；
- 关于在适应气候变化方面引入私人投资、提供指导意见（请注意，公共资源还不足以确保经济具备相应的气候适应能力）；
- 强调以生态系统为基础的气候适应潜力和成本效益（例如保护性农业实践、绿色基础设施、自然保护和城市绿化）以及相关的“共同利益”；
- 促进地方适应战略和相关行动的批准与监测（例如通过《欧盟气候与能源市长盟约计划》达成这一目标）；
- 针对具有特定环境难题、自然限制或易受气候变化影响的脆弱性地理区域（例如外延地区）做好更充分的准备；
- 描述与气候有关事件（涉及脆弱群体）的社会脆弱性；
- 加强公共卫生与气候适应之间的联系；
- 在各级政府之间促进气候适应和缓解政策 / 行动之间的联系。

总的来说，《战略》已经“启动”了气候适应行动，将这一问题纳入主流，并为国家、地区和地方的活动与战略提供支持。各级政府知识共享水平不断提高，技术能力不断增强。如果没有《战略》，上述进展很可能无法实现，特别是在提供和分享知识以及将气候适应纳入欧盟政策方面。欧盟委员会关于 2021~2027 年预算的气候目标，正是建立在 2013 年《战略》的理念之上。

至于评估报告，欧盟委员会现在认为，该《战略》符合相关宗旨，同时认识到自该《战略》公布以来，气候适应的需求已经加强且朝着多样化方向发展，因此正在考虑之后进行进一步增订。

（四）国家层面的气候适应

在国家层面，欧盟成员国的作用是为适应气候变化和向各国城市灌输知识提供法律基础和标准。《欧盟白皮书》（2009）和《战略》都鼓励欧盟成员国批准国家适应战略（NAS）来实现这一目标。国家适应战略的目标是帮助协调适应措施和加强认识，并确定全国性的风险、漏洞和知识差距。

除了国家适应战略外，欧盟成员国还鼓励制定国家适应计划（NAP），以帮助实施国家适应战略。国家适应计划旨在提供具体的目标和行动，这些目标和行动将随时间的推移受到监测和审查。

迄今为止，所有欧盟成员国和另外 3 个欧洲环境署成员国通过了国家适应战略，已有 15 个欧盟成员国和另外 2 个欧洲环境署成员国制订了国家适应计划。这个数字每年都在增长[①]。

（五）地区层面的气候适应

在国家适应战略的推动下，欧盟地区层面的气候适应战略和行动往往更加普遍和有效。这一法律框架成为地区政府发展的关键驱动力，主要是国家适应战略确定了与气候适应有关的具体角色和责任。这些措施成为外部资金计划的先决条件，进一步促使各地区采取行动。最后，对气候变化不断加深的科学理解，以及先行推进的气候适应措施的成本效益，不断推动适应行动的落实，特别是在较为发达的城市中。

2013 年，欧盟委员会要求提交一份关于欧洲地区适应气候变化现状

---

① EC Climate Change Adaptation Strategies Website.https://www.eea.europa.eu/airs/2018/environment-and-health/climate-change-adaptation-strategies.

的调查报告[①]。这份报告的主要调查结果如下。

- 各区域在气候适应方面所发挥的作用对成员国顺利落实气候适应政策至关重要。所有成员国都应仔细考虑如何使这一“中间”层面在其治理体系和行政能力的具体范围内达到最有效的适应。
- 必须列明不同层级的政府部门在气候适应方面的作用和责任，这应通过专项适应战略政策文件（例如国家或地区适应战略）完成。
- 欧盟资助的合作方案（例如区域合作 / 内部合作和研究项目）所取得的经验和产生的成果应在成员国的决策机构内得到认真对待并加以利用。
- 凝聚政策对各地区极为重要，因为许多支出方案直接针对各地区，而且往往由地区当局拟订。成员国需要将气候适应列入合作协议和业务方案，以便各地区能够将这些资金用于气候适应。
- Climate-ADAPT 门户网站与国家和地区门户网站相结合，提供更具体的信息和数据，可以成为管理和沟通信息以及加强对深化科学政策合作必要性的认识的绝佳工具。

四 欧盟适应气候变化的工具和资源

（一）资金

欧盟使用了许多不同的手段来为欧洲适应气候变化提供资金。2014~2020 年，欧盟预算的 20% 用于“促进气候变化适应和风险防范”等气候相关支出[②]。

气候适应政策已经或正在被纳入欧盟所有主要支出计划，并建立了一套跟踪系统，以确保目标得到实现。2021~2027 年，欧盟委员会计划将

① Milieu Ltd. and Collingwood Environmental Planning for DG Climate Action.2013.*Study of Adaptation at Regional Level in the EU* . https://climate-adapt.eea.europa.eu/metadata/publications/study-of-adaptation-activities-at-regional-level-in-the-eu/11246416.

② Multiannual Financial Framework. 2014-2020. https://ec.europa.eu/info/about-european-commission/eu-budget/documents/multiannual-financial-framework/2014-2020_en.

气候相关资金提高至总支出的 30%，以响应《巴黎协定》和对联合国可持续发展目标的承诺。

目前 20% 的预算是通过以下 4 种资金机制分配的：

- 欧盟结构和投资基金（ESIF）；
- 地平线 2020 项目；
- LIFE 计划；
- 其他资金机制。

以下是对这些机制进行更为详细的说明。

1. 欧盟结构和投资基金（ESIF）

利用以下五大欧盟结构和投资基金，将气候变化适应纳入整个欧盟产业政策。欧盟结构和投资基金由欧盟委员会和欧盟各国共同管理。

- 凝聚基金（CF）；
- 欧洲社会基金（ESF）；
- 欧洲区域发展基金（ERDF）；
- 欧洲农业发展基金（EAFRD）；
- 欧洲海洋与渔业基金（EMFF）。

Climate-ADAPT① 网站上有更多关于欧盟结构和投资基金目标及其结构的信息。

2. 地平线 2020 项目②

除了欧盟结构和投资基金的资金来源外，地平线 2020 项目还在多国合作项目以及个别研究人员和中小企业之间促进了气候变化适应方面的研究和开发（在环境和气候行动研究计划范围内）。地平线 2020 项目与城市适应密切相关，其资助的项目旨在创造和分享有关气候变化影响和风险的知识（以及增加地方当局对主要成果的吸收）。

总的来说，地平线 2020 项目是欧盟最大的研究和创新基金，2014~2020 年可用资金接近 800 亿欧元。

---

① Climate-ADAPT Tool.https://climate-adapt.eea.europa.eu.

② EC Horizon 2020 Website. https://ec.europa.eu/programmes/horizon2020/en.

3. LIFE 计划[①]

LIFE 计划旨在为解决欧洲气候变化问题的项目提供资金。环境与气候行动项目在 2014~2020 年的预算为 34 亿欧元，其中 8.64 亿欧元用于气候项目。这笔资金将用于环境（占 LIFE 计划预算的 75%）和气候行动（占 LIFE 计划预算的 25%）[②]的次级项目。

环境与气候行动项目着重于三大领域：减缓、适应和治理气候变化。

环境与气候行动项目的主要目标如下：

- 为制定和实施适应政策提供支持，包括将这些政策纳入主流发展议题；
- 完善气候适应措施制定、评估、监测、评价和实施的知识库；
- 促进跨部门整合措施的制订和实施；
- 为发展和示范创新型适应气候变化技术、系统、方法和工具做出贡献。

有关水资源短缺、干旱、森林火灾、洪水或经济领域适应技术和保护自然资源的项目，以及工业或商业上接近市场条件下的任何技术和解决办法，都通过了 LIFE 计划资金的审议。另外审议的还有欧盟气候变化适应政策的制定和实施、最佳实践和解决方案，包括基于生态系统的方法和知识共享。项目获得高达 55% 的联合资助。

此外，在 LIFE 计划下，欧洲投资银行旗下有一种创新型金融工具，即自然资本融资基金（NCFF），其目标在于生物多样性保护和气候适应。

4. 其他资金机制

以下是欧盟资助气候变化适应的其他方式（部分）：

- 连接欧洲基金（Connecting Europe Facility, CEF）是（欧盟层面）与适应气候变化相关的基础设施投资的关键融资工具；
- 欧盟排放交易体系（EU-ETS）拍卖收入，为适应气候变化、私人倡议和创新融资倡议（国家级）提供资金；

---

① EC Life Website.https://ec.europa.eu/easme/en/section/life/life-climate-action-sub-programme.

② Climate-ADAPT Website.https://climate-adapt.eea.europa.eu/knowledge/life-projects.

- Climate-KIC 机构为气候适应研究提供资金。这是一个关注气候变化的公私合营机构，由公司、学术机构和公共部门组成。

（二）工具

1. Climate-ADAPT[①]

Climate-ADAPT 于 2012 年启动，是欧盟委员会和欧洲环境署之间合作的项目。该网站旨在成为欧盟气候变化适应信息的主要来源，同时发现和填补信息空白。目标受众为各级政府决策者和支持他们制定和实施气候适应政策、计划和方案的组织。该网站平台有良好的质量保证并不断更新，由欧盟资助的专家就下列课题开展的研究成果会在该平台上公布：

- 欧洲预期的气候变化；
- 各地区和领域当前和未来的脆弱性；
- 国家和跨国适应战略；
- 适应案例研究和潜在的适应方案。

2. 城市适应支持工具[②]

城市适应支持工具（UAST）能帮助城镇和其他地方政府制定、实施和监测气候变化适应计划。开发该工具是为城市地区提供切实指导，概述了制定和实施适应战略所需的步骤。城市适应支持工具是《欧盟气候与能源市长盟约计划》的主要适应资源。下文将进一步介绍该工具。

3. 城市适应地图浏览器[③]

该地图浏览器工具可提供关于欧洲城市当前和未来面临的气候灾害、

① Climate-ADAPT Tool.https://climate-adapt.eea.europa.eu/.

② Urban Adaptation Support Tool.https://climate-adapt.eea.europa.eu/knowledge/tools/urban-ast/step-0-0 .

③ Urban Adaptation Map Viewer.https://climate-adapt.eea.europa.eu/knowledge/tools/urban-adaptation.

城市对这些灾害的脆弱性及其适应能力的信息。该工具提供了关于高温、洪水、水资源短缺及野火的空间分布和强度的信息。它还提供了一些关于城市脆弱性和接触这些危险的原因的资料，以及关于适应性规划的资料。

该工具允许用户更好地了解其所在城市当前和预测的气候影响，也可以在不同城市间进行比较，以确定处于类似情况的其他城市。

五 欧盟在地方一级采取的气候适应和韧性方法

（一）地方政府的气候暴露性

地方政府在准备和应对气候变化的影响时处于第一线。极端天气事件的局地性和特定趋势导致每个司法管辖区具有特定的气候危害。热浪、洪水、暴风雨、海岸侵蚀、海平面上升、山体滑坡、水资源短缺和森林火灾是地方政府面临的一些主要危险，在许多情况下已经造成巨大的经济、环境和社会损失。严重气候事件和地貌变化导致的风险和不可预测的成本，可能是重大且无法承受的，影响到卫生、基础设施、当地经济和公民生活质量。在许多情况下，地方政府资源不足，无法有效应对这种通常无法预见的开支。

了解这些风险（其中一些是不可避免的），可以推动欧洲各地的城市和社区采取先发制人的行动，以适应不断变化的气候。制定解决方案、采取行动，必须基于对气候危害和风险（经济、环境和社会影响）的知情了解。解决方案既可以是侧重于减轻风险的重大基础设施项目，也可以是在重大投资决策中纳入气候变化相关的标准，或者考虑基于自然的解决方案（例如植树以降低夏季高温）。对于欧洲许多城市来说，适应行动和增强韧性仍然是一个相对较新的话题，但鉴于气候的迅速变化，该话题也亟待讨论和解决。

《欧盟适应气候变化战略》为应对气候影响建立了基本框架和机制。该《战略》的第 3 项行动侧重于城市问题。在此基础上，《欧盟气候与能源市长盟约计划》、欧洲环境署 Climate-ADAPT 平台等各类措施已陆续制定，以支持城市适应进程，并在地方当局内部开展能力建设，制订应对气候变化的完善计划。

（二）欧盟市长盟约框架

《欧盟气候与能源市长盟约计划》（简称欧盟市长盟约，现在是《全球气候与能源市长盟约计划》的一部分）于 2008 年启动，汇集了数千个致力于实现并超越欧盟气候和能源目标的地方政府。目前，该计划包括 9500 多个地方和地区政府，涵盖 59 个国家的 3 亿多居民，得到专家网络和各级政府的大力支持。

参与该计划的城市或社区承诺制订一项《可持续能源和气候适应计划》（SECAP），包括三大“支柱”：减缓、适应、获取可持续能源。一旦计划确立，签约成员还必须每两年上报其在每一项减缓和适应行动方面的进展情况。

欧盟市长盟约的“适应支柱”最初是通过“市长适应”（Mayors Adapt）倡议引入的，由欧盟委员会于 2014 年启动，作为与欧盟市长盟约（当时仅与减缓有关）平行的举措，后者是全欧盟范围内致力于适应气候变化的城市运动。2015 年，欧盟委员会将这两项举措纳入欧盟市长盟约，倡导采取减缓气候变化、适应气候变化和能源行动的综合措施。

尽管越来越多的欧盟城市将适应气候变化作为一项新的重要事项，但许多问题和障碍仍然阻碍地方政府采取有效行动。

- 预算不足，获得适应气候变化的专项资金存在诸多难处；
- 存在多级 / 多方利益相关方治理办法；
- 需要（长期）政治承诺；
- 使气候适应成为可能（或强制执行）的法律框架；
- 地方风险和脆弱性的相关数据支持；
- 地方政府部门（和私营部门）的合作 / 协调机制；

- 城市间关于良好实践的交流分享。

为了更好地理解并优先处理这些问题，欧盟市长盟约办公室在 2017 年进行了一次需求评估，要求地方政府在制订 / 实施减缓或适应计划时，在一系列方案中选择它们面临的两大障碍。最常见的障碍是有限的金融资源和缺乏技术专长。

需求评估的结果总结在图 2 中。结果表明，在欧盟市长盟约的三大支柱（减缓、适应和获取可持续能源）中，气候适应是各城市最需要支持的。重要的是，对于其国家政府在气候适应方面表现欠佳或缺乏连贯性的城市来说，相关的监管 / 立法框架的缺乏限制了当地的进展。

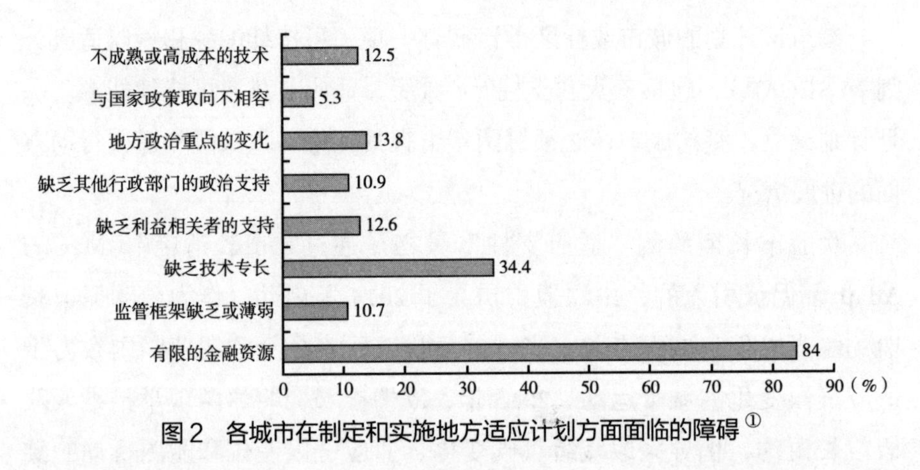

图 2 各城市在制定和实施地方适应计划方面面临的障碍[①]

（三）多层次治理

1. 多层次治理的益处

各城市要想在适应气候变化方面独立行动并取得成效，面临着巨大的挑战，它们需要各省、各地区和国家重点部门的支持。在国家或地区一级（欧洲属于欧盟一级）建立的政策和框架有助于在地方一级采取行

① *Covenant Community's Needs for SE(C)AP Design and Implementation.* https://www.covenantofmayors.eu/index.php?option=com_attachments&task=download&id=602.

动。图 3 显示了层面、地区、国家和欧盟对城市适应的贡献，以及框架内的潜在联系和反馈。

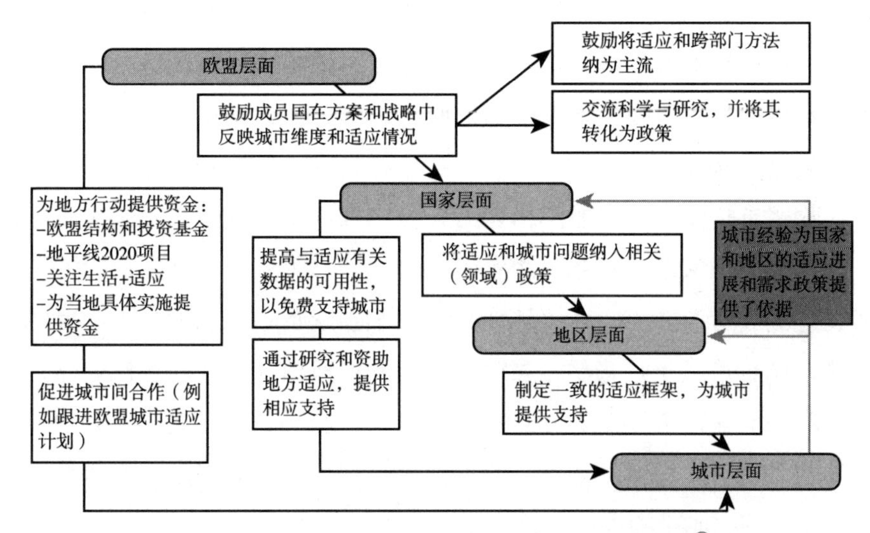

图 3　城市、地区、国家和欧盟对城市适应的贡献[①]

欧盟市长盟约的主要成就之一，就是各级政府和社会各界出现了大量利益相关方，帮助签约成员达成其适应目标。这项“多层次治理”安排的主要参与者包括：

- 省 / 州和地区（在本计划中发挥协调作用）；
- 地方政府部门；
- 国家和欧洲金融机构（已经启动了资金和技术援助计划，用于支持《可持续能源和气候适应计划》的实施，以及发展银行可担保的相关投资项目）；
- 学术机构和高校也在协助城市政府实施 SECAP 和制定排放清单方面发挥了相当大的作用。

欧盟市长盟约在各个国家中取得了巨大成功（如西班牙和意大利），

① EEA.2016.*Urban Adaptation to Climate Change in Europe*. https://www.eea.europa.eu/publications/urban-adaptation-2016.

许多组织在盟约计划中扮演的角色被正式确立为“盟约协调者”或“盟约支持者”。在这些组织中，签约成员的数量远远高于没有盟约协调者/盟约支持者的国家（因为有大量的盟约协调者，意大利和西班牙的城市和社区约占盟约签约成员的75%）。这证实了区域合作在协调和鼓励地方市政当局参与方面所体现出的价值。

2. 盟约协调者

欧盟市长盟约的“盟约协调者”是国家或地区的公共机关（省、地区、部委、国家能源机构、大都市区、地方政府组织等），它们为签约成员提供战略指导、技术和财政支持，并协助新成员的招募工作。例如，盟约协调者可以支持签约成员政府组织开展气候风险和脆弱性评估，以及编制和实施其《可持续能源和气候适应计划》。这一支持在欧盟也极大地提高了地方政府对欧盟市长盟约的参与程度，而欧盟国家的盟约协调者数量与签约成员的数量有关。

3. 盟约支持者

欧盟市长盟约的“盟约支持者”为非政府组织（NGO），它们为国际、国家/地区/地方各级的签约成员（如城市网络、能源机构、专项机构等）提供专业知识帮助和能力建设服务（即科学、监管、立法和金融咨询），同时利用它们的宣传、沟通和网络来促进欧盟市长盟约，并支持其签约成员所做之承诺。

4.《联合可持续能源和气候适应计划》

欧盟市长盟约签约成员可以选择与邻近的地方政府联合起来，并制订一项《联合可持续能源和气候适应计划》。这种方法可以缓解独自制订《可持续能源和气候适应计划》的压力，而且提供了在跨国界问题（如交通、当地能源生产、废弃物管理等）上开展合作的机会。《联合可持续能源和气候适应计划》在各个地方政府之间建立起一个共同的愿景，鼓励它们共同编制排放清单、评估气候变化影响、确定地方单独或联合采取的行动。在实施方面，《联合可持续能源和气候适应计划》还可以实现规模经济，从而降低成本并提高采购能力。

（四）将适应纳入地方战略

在欧盟，地方政府主要负责在其管辖地区内实施适应措施。实际上，制定适应战略的方法多种多样，一些城市制订具体的适应计划，另一些城市将适应纳入其他相关战略（如地方发展计划）。将适应作为更广泛的城市规划的核心考虑因素，是将相关行动纳入主流议题的有效方法。图 4 展示了欧盟城市解决的最常见的适应问题。将适应纳入各个领域战略（或任何与特定城市环境相关的战略），不失为一种不错的做法。

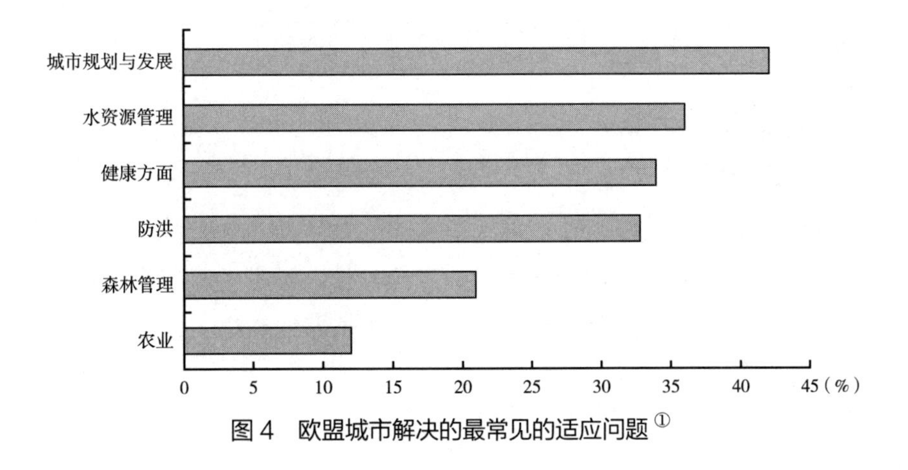

图 4　欧盟城市解决的最常见的适应问题[①]

（五）城市适应支持工具

在制定适应战略时，欧盟城市有多种途径的指导。欧盟市长盟约主要的适应资源是城市适应支持工具（UAST），该工具旨在帮助签约成员实现其提高对气候变化适应能力的承诺。另外，该工具提供了一套非常详细和完善的流程（见图 5），供各城市遵循，这不仅满足了欧盟市长盟约的汇报要求，而且最大限度地发挥了行动规划和实施的影响。

---

① *Guidebook*, "*How to Develop a Sustainable Energy and Climate Action Plan (SECAP)*", http://publications.jrc.ec.europa.eu/repository/bitstream/JRC112986/jrc112986_kj-nc-29412-en-n.pdf.

图5 城市适应支持工具定义的气候适应规划流程

该流程具体内容如下[①]。

1. 做好准备

在开始适应气候变化时，确保必要的政治、技术和财政支持，并聚集合适的利益相关者是至关重要的。经地方议会批准的对气候适应的政治承诺，就像签署欧盟市长盟约一样，是政治参与的第一项重要步骤。

- 为适应气候变化获得政治支持；
- 收集初步信息；
- 在城市内外建立适应流程；
- 发现和获取人力及技术资源；
- 发现和获取资金及融资途径；
- 发现利益相关者并与之互动；
- 向不同的目标受众阐述适应气候变化理念；
- 寻找其他支持；
- 为适应气候变化做准备：自我检查。

2. 评估风险和脆弱性

为了全面了解某一特定领域当前和未来的气候变化风险和其他压力

① Climate-ADAPT Tool.https://climate-adapt.eea.europa.eu/knowledge/tools/urban-ast/step-0-0.

因素，首先需要根据气候预测确定这些风险，在评估时还要考虑到其他因素，例如社会经济脆弱性。欧盟市长盟约的签约成员可要求其地区和省级政府为此项步骤提供必要的数据。

- 确认过去和现在的气候影响；
- 了解气候预测和未来影响；
- 确定城市较脆弱的领域；
- 进行风险和脆弱性评估；
- 了解周边地区在适应过程中的作用；
- 确定主要的适应问题，定下目标；
- 评估气候变化风险和脆弱性：自我检查。

3. 确定适应方案

在概述了最紧迫的气候问题后，下一步就是确定相应的行动。这些行动可以是“软”措施，如更高效的信息共享（如发生暴雨时），也可以是“硬”措施，如基础设施建设。

- 创建相关适应方案的目录；
- 寻找良好适应实践的案例；
- 确定适应方案：自我检查。

4. 选择适应方案

所有可能的行动一旦确定之后，就会根据各种标准（如降低脆弱性 / 增强韧性的有效性，或其对可持续性的更广泛影响）排定优先顺序并做出最合适的选择。

- 为适应方案选择评估框架；
- 对适应措施进行成本效益分析 ；
- 排定适应方案的优先顺序；
- 评估和选择适应选项：自我检查。

5. 实施

一旦确定了主要的适应问题，就可以制定适应战略框架：或者是制定气候适应战略，或者是将气候适应作为主流议题纳入现有的政策框架。

- 制订有效的适应行动计划；
- 为适应行动计划寻找相关案例；
- 将气候适应纳入城市政策和规划的主流；
- 通过适应和减缓应对气候变化；
- 落实适应措施：自我检查。

6. 监测和评估

监测和评估适应行动对于确保投入的资源（人力、财力或其他）得到有效利用至关重要。监测还可帮助确定适应措施是否产生任何未预料的副作用，以及是否需要做出调整。

- 制定监测和评价办法；
- 定义监测指标；
- 为适应监测指标寻找相关案例；
- 根据监测结果优化适应流程；
- 适应监测和评估：自我检查。

（六）欧盟市长盟约要求

按照城市适应支持工具概述的程序，签约成员必须就具体问题提交报告，作为“气候风险和脆弱性评估”的一部分。通过坎昆适应框架、欧盟适应战略和提交国家适应计划，气候风险和脆弱性评估过程得到发展，并获得了广泛认可。它通过确定气候危害和评估当地基础设施的相关脆弱性或者对人群、财产、生计和环境的损害进行评估，确定地方一级风险的性质和程度。

气候风险和脆弱性评估流程与欧盟市长盟约的重要性在于，它们试图将比较欧盟城市的方法和指标进行标准化。由于适应气候变化对欧盟和世界各地的城市来说仍然是一个相对较新的话题，这一领域的从业者需要明确一种可信、通用和透明的方法来评估气候相关影响。

（七）欧盟的地方适应行动

在撰写本部分时，欧盟市长盟约签约成员已采取了大约 1500 项气候适应行动。这些行动分布于各行各业，并展现了整个欧盟城市和社区中平衡处理行业脆弱性的领域（见图 6）。

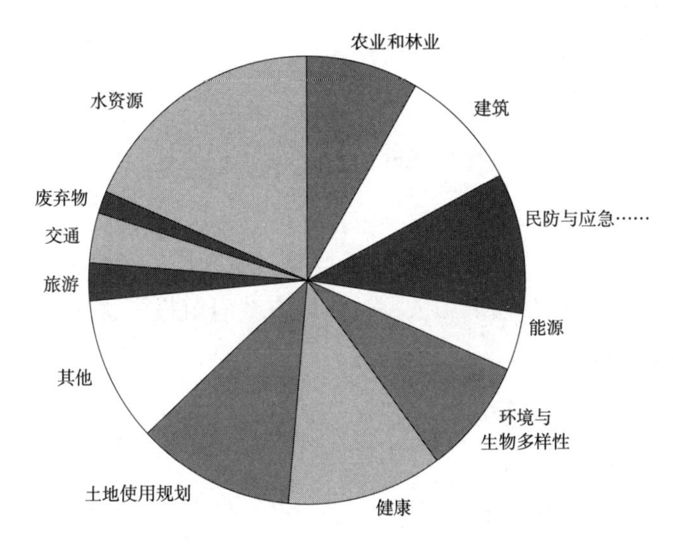

图 6　欧盟市长盟约城市的适应行动所分布领域[①]

六　根据欧盟经验，在城市一级提出适应气候变化的政策建议

根据欧盟在制定、实施和审查欧洲城市气候适应政策方面的经验，现将主要政策建议摘要如下。如上文所述，这些建议依据的是欧盟在过去 10 年中发展起来的各种战略、政策、工具和资源。

主要建议可分为以下三个方面。

① EU Covenant of Mayors Website. https://www.covenantofmayors.eu/about/covenant-initiative/covenant-in-figures.html.

（1）制定适应气候变化的总体战略，将与适应有关的问题纳入所有经济相关领域（如卫生、交通、水资源管理、渔业、农业、基础设施等）的主流，并为实施制定明确的目标和行动。战略应该：

- 为国家、地区和城市适应项目（包括指标、标准以及报告和评估标准）制定统一的报告制度、术语和目标；
- 同时执行相应的国家宣传方案，以促进气候适应的需求，并讨论不采取行动的潜在代价；
- 确定适应目标、地方责任和适应专项资金；
- 明确国家和地方政府之间的协调程序和责任，并建立连贯的法律框架。

（2）分配专项资源和资金，具体应对气候变化。这些资源应该：

- 旨在建立相关知识和依据，使地方政府就投资优先事项做出明智的决定；
- 包括支持地方适应气候变化的预算，并为获得资金和其他资金机制提供技术支持；
- 探讨在城市内部利用私人投资的可能性（特别是在基础设施发展方面）。

（3）采用一个能确保所有相关信息一致和单一访问站点的框架（如欧盟市长盟约），在地方政府内部增强应对气候适应问题的能力。这类框架可以在地方政府之间形成推动力，以便遵循一致的流程，加强合作，交流最佳实践。框架应该：

- 就横向治理机制提供指导，促进机构间和跨部门的适应合作；
- 创建一个地方 / 地区平台，在地方一级共享关于气候变化影响和脆弱性的知识与数据，并考虑到基于地理空间的未来气候灾害，供地方政府使用；
- 促进与地方社区和私营部门行动者的参与性流程，提高他们对决策进程和数据 / 知识交流的参与度；
- 为地区和地方当局提供培训和能力建设，以增进它们对气候变化影响的理解。

Ⅱ　鹿特丹适应气候变化规划*

《鹿特丹适应气候变化规划》确定了鹿特丹适应气候变化的路线图。旨在为鹿特丹的每一个人及其子孙后代，打造一个气候防护城市，让鹿特丹成为一座经济繁荣的魅力之城。

---

* 鹿特丹可持续和气候变化办公室:《鹿特丹适应气候变化规划》，2013年10月，www.rofferdamclimateinit。

前　言

鹿特丹是一座繁荣的世界港口城市。不断适应新情况，持续对经济社会变迁做出预判并从中受益，是鹿特丹长久以来的传统。正在发生的气候变化必然会对鹿特丹这座三角洲城市产生重大影响。鹿特丹必须适应气候变化以具备应对此类影响的能力，适应行动也能为鹿特丹带来诸多机会。

鹿特丹地区有众多水利工程企业，荷兰全国 17% 的生产份额来自鹿特丹。适应气候变化带来了独特的发展机遇。发展智慧化解决方案不仅能让鹿特丹更具气候防护能力，也能改善鹿特丹的居住与工作环境。许多国际城市已经将鹿特丹视为一个榜样。

鹿特丹的发展一直得益于高瞻远瞩的规划——从旧港口（Oude Haven）到新水路（Nieuwe Waterweg），再到马斯莱可迪二期港区（Tweede Maasvlakte），鹿特丹从鹿特河上的大坝逐渐演变为荷兰三角洲大都市。鹿特丹延续这一传统，制定了《鹿特丹适应气候变化规划》，目标是让鹿特丹在 2025 年前，成为一座气候防护的城市。气候防护的含义如下：

- 在 2025 年前已采取措施，确保每一个地区面临气候变化时，遭受的破坏性影响降至最低，并能最大限度地从中受益，2025 年及其后几十年都将如此；
- 将长期、可预见的气候变化，结构性地纳入鹿特丹的每一项空间规划之中，同时考虑一切相关不确定性。

·鹿特丹与气候变化·

气候变化将对鹿特丹带来怎样的后果？为确保鹿特丹现在以及未来实现气候防护，我们必须采取哪些行动？我们应当与哪些相关方开展合作？鹿特丹人民又该如何出力？我们如何才能解决这一问题？适应气候变化能否强化鹿特丹的社会、经济目标，促进宜居环境的创建？《鹿特丹适应气候变化规划》解答了这些问题。

气候正在发生变化。据预测，我们将经历更为极端的天气状况，例如强度更大的暴风雨、持续时间更长的干旱、更为频繁的热浪，而默兹（Meuse）河的水位也会上升。由于鹿特丹是一个三角洲城市，面对此类影响，鹿特丹尤为脆弱。

所幸，近几百年来，鹿特丹已经采取了诸多措施。通过建立一个巧妙、坚实的系统，保障了鹿特丹及其港口的安全，使其免受旱涝灾害，使鹿特丹成为世界上最安全的三角洲城市之一。尽管如此，鹿特丹还是遭受了极端降雨等天气带来的破坏性影响。面对气候变化的不确定后果，鹿特丹必须不断适应气候变化。无所作为是不可取的。

尽管三角洲地形给鹿特丹带来了不少问题，但也带来了更多的优势。得益于诸如彼得·卡兰德 (Peter Caland)、威廉·尼古拉斯·罗斯（W. N. Rose）这些鹿特丹人的远见卓识，鹿特丹成为一座迷人、充满活力的国际港口城市。随着经济持续发展、人口不断增长，鹿特丹必须实现气候防护，无论是现在还是将来，都应继续发扬智慧化解决方案、技术创新、城市发展等传统。

遵循这一传统，我们制定了《鹿特丹适应气候变化规划》。该规划为打造气候防护之城提供了指导，列出了计划采取的行动，说明了鹿特丹如何才能从气候变化适应当中获得最大利益。这是有史以来第一次，从气候变化角度来审视鹿特丹。就气候变化对城市运行产生的后果进行了彻底的研究，并提出了适当的举措。此外，该规划从根本上把适应气候变化与打造魅力之城、促进经济发展联系在了一起。

·适应规划的基础：维护并强化基本准则·

为了在鹿特丹实现气候防护，我们应当继续依靠由风暴潮屏障、堤防、运河、湖泊、排水口、下水道以及抽水站组成的系统。未来，我们必须维护并改善这一系统，因为这一系统是帮助鹿特丹实现气候防护的坚实基础。

· 适应：利用好整个城市环境 ·

虽然上述基础不可或缺，但仅仅依靠上述基础是不够的。为缓解系统压力、增强系统韧性，适应气候变化涉及城市环境各个方面的解决方案。除现有系统之外，还将对“城市动脉”、公共与私人建筑采取小规模措施。绿色屋顶和水广场是小规模解决方案的良好范例，让鹿特丹在不断适应气候变化的同时，也能进一步适应水的动态规律，并将更加重视自然。

· 连接其他城市项目，并与之协作 ·

维护现有坚实系统是政府及当地有关部门当下与未来的职责。除鹿特丹市政府以外，国家政府、水利部门在国家三角洲计划等项目中也扮演着重要角色。此外，气候变化适应也需要与其他方面开展合作。适应气候变化与城市环境也息息相关，因此居民、企业、高等院校以及利益集团都可参与其中，积极做出贡献，帮助鹿特丹实现气候防护。鹿特丹市政府的作用在于提供一个框架，并促成、激励这一目标的实现。“绿色团队”倡议中的“植物入户、铺路石出户”便是极好的例子，鹿特丹鼓励人民让自己的花园变得更加绿意盎然。

我们还有足够的时间做出调整以应对气候变化。这也意味着，我们可以将适应性举措与其他城市空间开发项目连接起来，巧妙地把它们与现有管理维护项目结合在一起。该举措被称为“跟随城市节奏行动”。连接其他项目需要与活跃在鹿特丹市的其他伙伴开展密切合作，鹿特丹市政府也将积极与新项目和现有项目的发起者探讨实现气候防护的方法。重点在于责任共担、目标共享，以实现气候防护的城市发展。

· 为环境、社会、经济与生态创造附加价值 ·

适应气候变化带来了大量机遇，能够强化城市与港口经济、改善周边及区域居住环境、提升城市生物多样性，并鼓励鹿特丹人民积极参与社会活动。提升城市绿化水平能够让城市在面对极端降雨、干旱和高温天气时，变得更为强韧。这一“绿色适应”举措同时也能让周边环境变得更有吸引力，成为绿色发展的动力，还能激发鹿特丹人民的参与热情。

越发重视气候变化适应也能让企业受益，目前规划区域内与气候变化适应相关的工作岗位达到了 3600 个。在鹿特丹地区，很多从事海洋、水利工程以及三角洲科技行业的企业，也将获得出色的发展前景。气候变化适应有助于鹿特丹实现物质、经济、社会方面的各项目标，而《鹿特丹适应气候变化规划》也符合《鹿特丹实施战略》（Uitvoerings Strategie Rotterdam）中阐明的各项目标。

·城市气候变化适应举措·

气候变化适应项目“鹿特丹气候防护”（RCP）、国家级研究项目“气候知识”、国家三角洲计划开展的研究，详细阐述了鹿特丹在应对气候变化方面的不足、气候变化对城市运行的威胁，以及实现气候防护应当开展的具体工作。城市气候适应性举措有助于打造一座充满魅力、活力的健康之城。要实现这一目标，需要进行精准、因地制宜的空间设计与多功能利用。

鹿特丹堤坝外区域的首要任务是建立基于适应性建筑与设计的多层洪水防护体系。具体例子包括“阻洪”建筑、建设防洪公共区域、漂浮社区以及“自然建筑”。应格外重视港口与核心基础设施，确保它们得到充分保护，免受洪灾困扰。鹿特丹堤坝内区域则应当重视防范。应与多方开展合作，优化风暴潮屏障，如有必要，应加固堤防，打造能够完美融入城市环境的多功能堤防，如将堤防作为休闲线路、天然路堤，或与区域开发相结合。

在堤坝内区域，落实就地收集并储存雨水、延迟排水的举措，以恢复城市的“海绵功能”。此类举措包括绿色屋顶与绿色墙面、减少铺设路面、在公路和街区增加植被覆盖，并将水广场和渗透带纳入基础设施。此类举措在人口、建筑物密集且缺少开放空间的区域将极为有效。在较为开阔的区域，将采取增强运河、湖泊的蓄水能力等有力措施，建设水域绿色生态走廊能够有效促进气候防护的实现。城市水域绿色生态这一适应举措是一项无悔措施，不仅能够帮助鹿特丹实现气候防护，也能让鹿特丹变成更加迷人、舒适的居住地。

·开始行动·

本规划列出了实施路线。在尚待起草的鹿特丹实施方案中，说明了优先任务、如何连接市内规划与项目以及行动实施的时间框架。落实“方法”的核心方面包括加入现有已规划项目、连接具体区域规划、创造附加价值以及携手合作。在鹿特丹市工作以及为鹿特丹工作的所有相关方，均将参与起草实施方案，实施方案的起草将以明确的协议与共同目标为基础。通过建立试点和示范项目，鹿特丹市将继续成为引领创新与气候防护的三角洲城市。

一　背景介绍

2008 年，鹿特丹市议会核准了《鹿特丹气候防护计划》。作为《鹿特丹气候倡议》的一部分，该计划包含三项主要活动：知识开发、落实气候变化适应措施、将鹿特丹打造为国际创新的三角洲城市。制定适应规划是帮助鹿特丹实现气候防护的关键一步。

·减缓与适应·

在鹿特丹可持续发展的背景下，鹿特丹市与其合作伙伴共同协作，实施减缓措施以减少碳排放。然而，即便做出了这些努力，气候变化的危害仍在全世界范围内显现出来，尤其在鹿特丹。因此，我们需要深入了解气候变化带给鹿特丹的影响，以及我们能够采取何种应对方式。探讨要做出怎样的战略决定，才能确保鹿特丹实现气候防护。

《鹿特丹适应气候变化规划》列出了将鹿特丹打造成为气候防护之城的路线，在 2025 年前，鹿特丹将有能力做好充分准备应对气候变化的后果，同时从中获得最大利益。如果能够有效应对这一局面，鹿特丹将在适应气候变化的同时，也变得更具吸引力，并且能够强化经济社会发展。

·坚实的基础·

《鹿特丹适应气候变化规划》以研究为基础，其实施也是国家级研究项目“气候知识”和国家三角洲计划等项目的一部分。这两个项目均将在 2015 年完成，有关气候变化的知识也必然会日益充分。有一件事是确定的：气候变化是一个缓慢的过程，其后果也只会逐步显现出来。让鹿特丹适应气候变化将花费一定的时间，因此，明确实现气候防护的路线是目前的重要任务。

研究与创新项目仍然有必要继续进行。然而，重点将会转移：把适应气候变化嵌入鹿特丹市以及利益相关方现有的工作、发展与规划流程中。因此，我们将继续与各方探讨气候变化适应这一议题，也将继续达成具体协议，就打造气候防护的鹿特丹开展合作。

《鹿特丹适应气候变化规划》描述了鹿特丹气候防护战略的主要特点。关于防洪、城市水系、城市气候及便利性与基础设施的单独报告，为本规划提供了翔实的基础与证明，同时描述了相关科技研究。

·独一无二的方法·

《鹿特丹适应气候变化规划》是独一无二的，原因有四。第一，这是有史以来第一次从气候变化的角度审视鹿特丹，并详述了气候变化对城市运行各个重要方面带来的后果。让我们对未来的任务以及城市不同区域需要采取的各项措施，有了更为全面、连贯的认识。第二，《鹿特丹适应气候变化规划》中的措施，均为国家三角洲计划与国家级研究项目“气候知识”等外部研究的成果。第三，从一开始，《鹿特丹气候防护计划》的重点便在于获取知识、落实气候变化适应措施，为鹿特丹带来“附加利益”，目标是帮助鹿特丹成为一座经济强劲、社会参与度高的活力、魅力之城。第四，在国际上，鹿特丹应对气候变化的方法得到高度评价，鹿特丹作为一座有抱负的三角洲城市的形象得到了显著提升。

·指导方针·

几百年来，鹿特丹人一直在让自己的城市去适应不断变化的三角洲。如果要实现气候防护，我们只能再一次卷起袖子开始行动。鹿特丹已经采取了行动，绿色屋顶、水广场等适应性措施正在进行当中，但这还不够。《鹿特丹适应气候变化规划》为所有在鹿特丹城市工作的相关方提供了一个框架，该框架将使鹿特丹实现气候防护。与发起者签订的项目与活动相关协议将重点关注气候防护的城市开发，这也是鹿特丹市的重点工作之一。

二 鹿特丹与气候变化

气候无疑在变化之中。虽然气候变化并非最近才出现的现象，但全球暖化将使变化速度加快。我们无法准确预估气候变化的速度与程度，气候变化对城市发展带来的影响与后果有着同样的不确定性。然而，等到这些事实 100% 确定之后再采取行动是不可取的。这可能会造成灾难性的潜在后果，对三角洲城市而言尤为如此。此外，也要抓住改善环境、开展合作、强化经济发展的机遇。

（一）变化的气候

气候变化会对荷兰尤其是鹿特丹带来什么后果呢？据估计，荷兰的冬季将变得更加暖和，而夏季则会更加炎热。一般来说，冬天将会更加潮湿，降水则会变得更为极端。尤其在夏季，降雨的频率与强度将会增加，但夏季降雨总天数则会下降。气象学家预计极端天气情况发生频率将会增加，例如高温热浪。此外与鹿特丹息息相关的是，海平面将会继续上升，至少目前这一趋势将持续下去。

将会影响鹿特丹的气候变化后果包括：海平面上升、降雨强度更大、河流水位降低（或上升）、炎热期变长、干旱期变长。

鹿特丹有四类水源：海洋、河流、天上（降雨）以及地下（地下水）。海平面上升、河流水位上升，将直接影响鹿特丹的洪涝风险。极端降雨天气期间，排水十分困难。干旱的直观影响则是地下水位降低、河流水位降低。此外，相比于周边农村地区，热浪对鹿特丹这种人口密集、较为紧凑的城市带来的负面影响更为明显。

（二）鹿特丹易受气候变化影响

1. 鹿特丹是一座三角洲城市

近几百年来，世界人口爆炸式增长。超过半数的人口生活在城镇，大多数人容易受到气候变化的影响，尤其是人口密集、经济繁荣，位于大型临海三角洲的城市。鹿特丹位于莱茵河与默兹河交汇的三角洲。通过新水路，鹿特丹与大海连接在一起，并受到潮汐的影响。鹿特丹的大部分区域，包括鹿特丹港，均位于堤坝外。堤坝内的鹿特丹市区基本处于海平面以下，位于 Alexanderpolder 区的最低点在 NAP[①]6.67 米以下。如该区域遭遇洪水，后果将不堪设想。水利局运营的抽水站可控制水位，保证围垦区免受洪涝灾害。

2. 设计巧妙但脆弱的系统

坚实的大坝与梅斯兰特风暴潮屏障（Maeslant storm surge barrier）等，保护地势低洼的围垦区免受高水位的影响。运河、湖泊、排水口、水道、下水道以及抽水站构成的体系，保持了围垦区水位的稳定。堤坝外市区及港口基本建在地势较高处，因此更为安全。这个系统切实彰显了荷兰技术工程的高超水平。然而，这也是一个复杂、不具韧性的系统。一旦发生任何问题，在地势低洼、人口密集的城区，人民生命和财产将可能蒙受灾难性的损失。

3. 鹿特丹将各项事务安排得十分妥当

鹿特丹适应三角洲自然条件的传统，可追溯到城市建立之初，它们同水带来的威胁共存，写进了鹿特丹人的基因里。这些年来，尽管河口三角洲这一地理位置为鹿特丹带来了许多问题，但其对于促进城市繁荣发展的贡献更大。几百年来，鹿特丹一直在采取措施，保护自身免受河流与海洋水文灾害的影响。筑坝、筑堤、填海造陆，使洪水风险得到控制，同时疏通了堤坝内市区湿地。尽管仍然脆弱，但这些措施让鹿特丹成为世界上最安全的三角洲城市之一。

---

① NAP：国家阿姆斯特丹水平线，公认测量单位，约等同于平均海平面。

4. 现状

虽然目前保障鹿特丹免受洪涝灾害的系统十分可靠，且状态良好，但在极端情况下，鹿特丹仍然感受到了高水位、暴雨、长期干旱或高温带来的后果。这些天气事件近几十年来变得更加常见。发生极端降雨天气时，堤坝外老城区码头会发生洪涝，城市街道内涝、地下室浸水。温度过高时，部分桥梁无法关闭，运河与湖泊的水质也会恶化，给城市带来了轻微的破坏与干扰。

面对气候变化影响的不确定性，无所作为是不可取的，鹿特丹必须强化自身应对气候变化的能力。

（三）鹿特丹的变化

1. 悠久的三角洲城市发展传统

近几百年里，鹿特丹“保护自身免受水文灾害影响，与水共存”的传统，塑造了鹿特丹的城市发展特色。鹿特丹市的发展以鹿特河大坝为中心。19 世纪，罗斯运河等建设工程为城市发展创造了条件。港口迅速发展，而鹿特丹市也随之共同成长。20 世纪，随着港口逐步向海洋外延，废弃的老港口变成了市区的一部分，鹿特丹逐渐演变为一座现代化、国际化的活力港口城市。

2. 鹿特丹的变化仍在继续

鹿特丹市在不断适应其人口与社会经济发展变化。鹿特丹人口密集，在可预见的未来，鹿特丹的常住居民数量将继续增加。人民对城市生活的满意度越来越高，经济也在不断发展。借助其港口与工业园区，鹿特丹面向国际，并且拥有许多强大、前景良好的工业集群，如海洋专业服务与三角洲技术。

从物理环境上来讲，鹿特丹将会继续发生改变。下一阶段的重点将是让城市变得更为紧凑，并逐步改造现有市区，而非像 20 世纪那样进一步向外扩张。鹿特丹市的滨水区域开发前景喜人，港口的发展水平与现代化水平也在不断提升。

近几十年来，鹿特丹的人口与经济，无论是在堤坝内区域还是堤坝外区域，均得到了飞速增长。如发生洪水等灾害，可能造成更严重的人员伤亡、破坏以及经济损失。因此，鹿特丹及鹿特丹居民必须采取充分、长期的保障措施，防范气候变化带来的后果。

三 制定鹿特丹气候防护路线

尽管易受气候变化影响，鹿特丹仍是世界上最安全的三角洲城市之一。将城市发展与防范洪涝灾害的举措融合在一起，是鹿特丹的悠久传统，这也帮助我们取得了如今的成就，我们也将继续坚持这一方法。我们面临的任务虽然并不紧迫，但确实有必要从现在开始考虑这些问题。鹿特丹在不断发展，这带来了机遇：不断进步，并适应气候变化的不确定性。我们必须做出明确的选择，制定清晰的路线。

《鹿特丹适应气候变化规划》的核心如下：

- 维护并优化现有的坚实体系，在整个城市环境中采取适应性措施，提升该体系的韧性；
- 与其他方面合作开展此项工作，并将其与城市中的其他变化（连接）结合在一起；
- 利用好适应气候变化带来的机遇。

适应气候变化与强化城市经济发展、改善城市环境密不可分。适应气候变化也带来了机遇，有助于打造一个参与度高、有人情味的社会，并且能够提升城市生态价值。

（一）堤坝外防洪

·未来任务概述·

气候变化将会导致海平面与河流水位升高，加大洪涝发生概率。堤坝外区域地势较高，造成大量人员伤亡的可能性较低，洪涝的主要后果在于造成经济损失、加剧环境风险。如关键市政服务发生故障，可能对城市运行带来极大干扰。梅斯兰特和哈特尔（Hartel）风暴潮屏障关闭的频率也将升高。此外，城市的密集、港口在堤坝外区域的扩张，也进一步增加了洪涝的危害风险。

·核心战略内容·

在堤坝外区域，战略重点在于结合防范与适应。提高地势水平、在风暴潮期间关闭风暴潮屏障，由此构成坚实的洪涝防护体系。堤坝外区域的适应性措施能够帮助提升鹿特丹与港口的吸引力，也能强化经济发展。重点在于整合适应性措施与城市空间发展。

适应性措施将助力"防范"战略，旨在增强韧性、随着气候变化调整。具体措施包括适应性建筑、改造堤坝外建筑，以及对道路、市政基础设施、野外区域和公园等户外区域进行适应性设计。积极提供风险信息、告知个人能够采取的具体措施，能够帮助居民和企业更好地应对未来的洪水灾害。目前正在制定综合性政策，防范堤坝外区域的洪涝风险。

·措施·

优化风暴潮屏障带来的保护：梅斯兰特风暴潮屏障保护着堤坝外的鹿特丹城区。可优化运行，防止屏障在必要时发生无法关闭的情况。作为国家三角洲计划的一部分，目前正在对该措施的长期效果进行研究。至少到本世纪后半叶——更换梅斯兰特风暴潮屏障，或建设第二道风暴潮屏障，将会结构性地改善堤坝外区域的防洪能力。

适应性建筑与设计：适应性建筑与堤坝外城区的适应性设计也是一项重要措施。鹿特丹已经拥有建设漂浮社区的经验。借助防洪建筑与漂浮建筑，堤坝外区域与水的关系将变得更加和谐，同时鹿特丹也能与三角洲共存。大自然也为堤坝外区域的适应性设计提供了诸多便利，例如潮汐森林、绿色堤岸。医院、市政设施、化学公司等关键基础设施也能够最大限度地防范洪涝。区分防护级别与不同设施的建设方法，也是可行的做法。

坚实的核心基础设施：无论是现在还是未来，鹿特丹堤坝外区域的核心基础设施都能够有力防范水文灾害。即使在洪水泛滥时，堤坝外区域也要具备正常运转的能力。可采取措施是把发电站、变电站等核心基础设施转移到地势较高的区域，或就地提供保护。

提升居民与企业的风险意识：通过宣传手册与互联网提供全面系统的安全信息，告知居民与企业居住在堤坝外区域的风险。水位偏高时，将会封锁该区域，机动车会被拖走，地面将放置沙袋。社交媒体与通过智能手机传达的信息，将为当地居民以及在当地旅游、工作的外来人口提供至关重要的帮助。

· 长期适应 ·

我们已经在鹿特丹堤坝外区域推进这一规划。适应性建筑已经能够纳入改造项目与新建项目当中，梅斯兰特风暴潮屏障的功能优化也在进行之中，同时也在改善核心基础设施。已经向居民与企业告知洪水的风险，他们自身应当承担的责任以及可能采取的适应性措施。对公共设施进行洪水风险评估，成为政策制定、执照发放以及审批流程的一部分。

目前正在制定一项综合性政策，以保护堤坝外区域免受洪水危害。中长期规划将决定是否新建屏障或堤防，主动保护现有区域。本世纪后半叶之前，不会新建新的风暴潮屏障，或替换此前建设完成的梅斯兰特风暴潮屏障。

· 协同其他项目 ·

协同考虑堤坝外区域开发与城市发展规律，是制定《鹿特丹适应气候变化规划》的基础。以这样的方式连接其他项目，能在短期和长期内降低成本。一旦时机合适，就会采取措施，如在区域开发或新建工程期间，对户外区域（道路、电缆、管道）实行替换或常规维护。Feijenoord 试点项目体现了这项措施的有效性。Stadshavens 改造工程将适应性纳入建筑与设计当中。发展防洪建筑、漂浮社区等适应性措施在这个地区行之有效，也能方便地整合到空间结构中。在目前的堤坝外区域，能把适应性措施纳入维护工程和新的工程建设之中，例如就地抬高地势水平、对老港区进行防水设计等。

· 携手合作 ·

公共工程与水管理总局和市政网络运营商负责维护梅斯兰特风暴潮屏障、实现核心基础设施的防水功能。省政府负责城乡规划。为落实适应规划，省政府需要与其他政府部门、私人团体以及鹿特丹堤坝外区域的居民开展合作。为落实建设安全防水的房屋和户外区域等政策，开发商、房产公司以及鹿特丹市政府扮演着重要角色。我们希望居民与企业合作，对自己的私人财产采取必要的减损和保险措施。

· 附加价值 ·

该规划最重要的成果便是为具有“水意识”的居民与企业，打造一个安全的居住和工作环境。鹿特丹是世界上最安全的三角洲城市之一，并且希望继续保持这一地位。这为港口经济带来了许多机遇，也给投资者注入了信心。即使未来关闭风暴潮屏障的频率将有所增加，其也不会被视为一种威胁，相比其他防范不到位的港口，这其实是一个重要的竞争优势。重视适应性建筑、连接城市空间开发，能够降低成本。

防洪漂浮建筑，还有美丽的水文公共区域，为城市环境增加了新的水元素，不仅能够强化城市与水的关系，也能凸显鹿特丹作为三角洲城市的身份。“与自然共建”带来了机遇，能够增加城市的潮汐特色，同时提升环境质量。

（二）堤坝内防洪

· 未来任务概述 ·

海平面与河流水位升高将给堤防带来更大压力，而鹿特丹许多区域的安全标准已经无法满足要求，部分地区必须加固主堤防。高水位将导致梅斯兰特风暴潮屏障需要更频繁地关闭。干旱与极端降雨则会加大区域性二级堤坝遭受洪水侵袭的风险。即使没有气候变化，堤坝内区域居民的增加以及经济的发展，也会加大洪水带来的危害风险，因为可能造成更严重的人员伤亡和损失。制定更严格的安全标准即采取就地适应措施可能是有必要的。

· 核心战略内容 ·

核心战略旨在利用强大的堤防与风暴潮屏障体系防范洪水，重在防范。因此，目前坚实的工程防洪体系得到了较好的维护。如果既定标准无法满足要求，那么第一步就是加固堤防。而区域性堤防，也拥有一个排水口体系，能在灾害发生时关闭。在鹿特丹，堤坝内区域被洪水淹没的可能性一直存在，虽然可能性极低。如果发生此类情况，则将启用应急管理机制。应急响应部门必须做好万全的准备。

· 措施 ·

优化风暴潮屏障：梅斯兰特与荷兰艾塞尔（Hollandsche Ijssel）风暴潮屏障是保护鹿特丹免受风暴潮影响的关键工程。风暴潮屏障在危急时刻发生故障的可能性极低，但并非完全不可能。减少风暴潮屏障故障发生概率的研究是国家三角洲计划的一部分。实行部分关闭是一项可能采取的措施。从长期来看，即便是最早，也要到本世纪后半叶，才有可能替换梅斯兰特风暴潮屏障或加盖第二个风暴潮屏障，从结构上改善防洪能力。

主堤防：主堤防是构成防洪体系的基础。修筑堤防是保护堤内土地的理想、可靠方法。针对目前存在问题的区域，或是由于高度差等原因导致未来可能发生问题的区域，将加固主堤防。城市空间设计（第二层）措施与堤坝外区域有所不同，堤坝内区域发展受限于地势低洼。加固堤防也是城市空间设计工作的一部分。在鹿特丹人口密集、建筑物密集的区域，堤防是多功能综合性美化工程。堤防的高辨识度，能让居民清晰地认识到洪水的威胁。

区域性堤防：增加开放水域、绿色屋顶、水广场和蓄水能力，能够减少流入排水口的水量，进而增加城市水系统的韧性。该举措将确保席尔河（Schie）、鹿特河等排水口的洪涝风险不再增加。如发生溃堤，可通过分隔堤等措施就地关闭排水口，降低洪水风险。如发生长时间干旱，区域性堤防尤其是泥炭堤将通过地方监控系统进行监测。因此，能够较早地发现裂缝和其他问题。保持泥炭堤的湿润度，是一项有效的防洪措施。

提升危机管理能力：国家三角洲计划建议向多层级安全洪水风险防范体系过渡，这意味着有必要重新评估目前的疏散计划。例如将鹿特丹海牙机场作为“紧急（疏散）机场”。

· 因地制宜的路线 ·

为能继续满足目前的堤防安全标准，有必要对老港区的堤坝防洪结构进行调整。从长远来看，标准水位越高防洪水平越高，便意味着一些重点堤段需要加固。如遵循国家三角洲计划的框架强化防护标准，又称“新标准”，鹿特丹会有更多堤防需要加固。市内有许多地方已经采取了措施，以减少河流泛滥的风险。这些措施一直与当地区域开发紧密相连。

· 长期适应 ·

气候变化的速率决定了何时须采取哪些具体的措施。如果气候变化速率非常快，2050 年前，须对更多堤防采取加固措施。梅斯兰特风暴潮屏障可应对海平面升高 50 厘米的情形。如气候变化速率非常快，梅斯兰特风暴潮屏障的作用可以维持到 2070~2080 年。此后，需要对其进行改造，或修建一个新的风暴潮屏障。城市水系统已经采取了一些措施，而这些措施能够直接降低河流泛滥的风险。

· 连接其他项目 ·

将风险规划与空间开发规划或常规管理及维护工作协同考虑是十分重要的。这也意味着需要改变计划实施的时机。例如，可能意味着要在必须采取措施之前加固堤防。堤防常规维护工作也可以结合其他项目，例如基础设施建设（单车道）以及增加更多植物。目前的机制，例如融资机制和评估工具，将尽可能地用于鼓励将空间开发与堤防加固结合在一起，即使堤防已通过了政府的正式审验程序。

· 携手合作 ·

堤防、沙丘加固，以及风暴潮屏障调整，是水利相关部门（即水道与公共工程部以及水利部门）的责任。然而，整合工作与多功能空间使用则需要与省政府、房产公司、开发商、房屋所有者，乃至鹿特丹港和非政府组织开展合作。在提升应急管理水平方面，区域安全部门起主导作用，但必须要有各个政府部门（鹿特丹市政府、省政府、水利局、应急服务部门、军队等）的参与。

·附加价值·

跟堤坝外区域一样，最重要的目标是为具有“水意识”的居民和企业打造一个安全的工作居住环境。鹿特丹的堤防是城市不可或缺的一部分。对堤防的维护以及必要的加固工作，带来了改善空间质量的机遇，例如建设更多的公园、花园，或鼓励实现休闲路线的多功能使用。将区域开发与建设坚实可靠的（气候）堤防结合在一起，也能带来经济利益。

连接堤防加固工程与其他空间规划具有重要意义。协同规划能够提升整体性，降低成本，同时刺激创新。例如，关于防洪以及适应性三角洲管理的知识经验，借助国际化企业与高等院校的支持，可以传递给其他三角洲。

（三）极端降雨

·未来任务概述·

气候变化将导致更为频繁的极端降水天气，以及强度更大的暴雨天气。这将加大洪涝对有关地区造成的破坏和消极影响，特别是在已经出现蓄水能力不足的地区和建筑密集、有铺设路面的城市地区。

鹿特丹正在改造城市水系统的排水和蓄水能力，以应对极端降雨天气。然而，尽管如此积极应对，出现超出系统应对能力的降雨天气的可能性仍然越来越高。这一问题不仅会影响公共区域，也将影响私人房产。

·核心战略内容·

最初的重点任务与鹿特丹水计划 2 号是一致的：“和水携手合作，打造美丽、经济强大、具有气候防护力的城市”，换言之，便是要打造一个具有洪涝防护力的城市。为实现这一目标，水系统的基础设施必须处于良好的运行状态。我们将继续维护城市水系统，并在必要之处对其进行优化，如提升蓄水和排水能力，这样一来，城市未来面临洪涝侵袭时，便会更加强韧。

与此同时，我们必须减轻水系统的部分压力。如果可能的话，应在城市全境就地收集、储存雨水，延缓排水。如有必要，雨水应当用于提升地下水水位，灌溉城市里的植物。然而，仅仅如此是不够的。短时强降雨发生频率的增加，意味着必须增强城市水系统的韧性。也需要提升公共区域蓄水能力。此类防水公共区域能够暂时将水储存在路面上而不会造成任何危害。

· 措施 ·

"防水城市"坚实牢靠而富有韧性，铺设的路面与植被并存。凭借这些适应性措施能够收集雨水、延迟排水。

公共区域的有效措施包括移除铺设路面，在路边和开放区域植树或种下灌木林。对于使用度高、空间小的区域，水广场是一个理想解决方案。在街道两旁设计渗透性植被（生物沟）或透水铺路石也是举措之一。

私人住宅也可以采取适应性措施。鹿特丹市已经在建造绿色屋顶方面积累了一定的经验。结合建筑内雨水再利用的"蓝色屋顶"项目，为增强城市防水韧性提供了另一个可能性。根据"植物入户、铺路石出户"的口号，把花园里的铺路石更换为绿色植物、在建筑外墙打造墙面花园，这两项措施将得到积极推广。

易受洪涝影响的区域必须把防水设计融入建筑与公共区域。公共区域进行适应性改造，可以使其拥有储蓄雨水的能力，例如利用智慧街道图示等手段。如存在长期风险危害，则将通知房屋业主，并采取行动，如抬高门口台阶或提供沙袋、隔离物。对系统基础进行维护，确保其坚实可靠、运行状态良好。首先，将在必要和可能的地方，提供更多的地表水。其次，结合实际建设地下蓄水系统与其他技术，这在空间有限的地方是比较有效的手段。最后，还可通过地上雨水排放等方式提升水系统的排水能力。

· 因地制宜的方法 ·

根据所在区域和具体的特征，需采取不同的措施，例如铺设路面、协调水与植被之间的关系，这涉及地面类型、地下水位、下水系统类型，以及水系统的运行等方面。

在人口密集的城市区域，公共区域和土地的压力非常大，可用空间也有限。这些区域重点在于结合地下水储蓄池和采用水广场措施。建设"绿色屋顶"和"蓝色屋顶"，移除铺设路面，在路上和开放区域植树和种植灌木林，以及进行防水设计，都能够增强韧性。战后城市发展区域适合用于创建更多开放水域，例如运河与湖泊，甚至采取建造河谷等解决方案。主干道、隧道、医院和医疗机构、区域性购物中心、商业园区，将受到更好的保护，以免遭受极端降雨天气导致的洪涝灾害。高级别的防护水平旨在保证通达性和防止损害。

· 长期适应 ·

鹿特丹水计划和城市下水道规划说明了针对极端降雨天气的适应规划及相关措施。鹿特丹已经开始实施"不可逆"措施，例如建设水广场、绿色屋顶、地下水储蓄系统、渗透设施（中央车站）以及"蓝色走廊"。通过实施"植物入户、铺路石出户"运动，鹿特丹政府希望居民参与气候变化适应，并鼓励他们把花园里铺设的路面换成绿色植被。

· 连接其他项目 ·

尽可能把额外蓄水系统的建设与区域开发项目结合在一起。此外，将更加重视道路、公园和下水道系统的维护及与现有项目的连接。"儿童友好型区域"和"野外学校操场"等其他项目也提供了新机遇。随着时间的推移，城市里的每一个区域都将逐渐变得更加绿色、更具气候防护性。

· 携手合作 ·

打造防水城市要求采取个性化方法，同时要求水利部门、城市开发商、鹿特丹市政府以及空间管理部门紧密合作。其他方面如房产公司、项目开发商尤其是居民都要发挥自身作用。通过积极、有针对性的沟通，强化公共意识和公众参与。为打造防水城市，每个人都能够发挥自己的作用。绿色屋顶信息日、"绿色团队"等活动，还有"植物入户、铺路石出户"活动都是实实在在的例子，未来还会有更多类似措施。

· 带给城市的附加价值 ·

这些措施带给城市的主要附加价值便是能够打造一个美丽的蓝绿色环境，并且城市将具备应对雨水的可持续解决方案。在城市水系命脉中大规模实施小型举措，结合维护和更换项目，能够减少、分散所需额外投入。这样一来，城市将变得更加绿色、更加有韧性。

鹿特丹市已经实施了应对雨水的创新解决方案，这也让鹿特丹成为知识开发和出口的绝佳摇篮。建设“水城”的探索能够强化鹿特丹三角洲城市这一国际形象。鹿特丹的水广场具有示范作用，蓝绿适应性措施能够提升城市生物多样性。这一点适用于所有项目，无论是“蓝色走廊”、野外游乐场等大型项目，还是“雨水花园”、墙面花园和绿色屋顶等小型项目。绿化街道和公共区域、水广场、移除房屋周围的铺设路面等可能采取的措施，为城市建设提供了丰富的机遇，能够让鹿特丹人民更加深入地参与到城市建设当中，尤其是参与到与他们息息相关的居住环境建设之中。居民能够扮演积极的角色，而这反过来也能提升社会凝聚力。

（四）干旱

· 任务概述 ·

长期干旱和地下水不足将影响地下水位，也可能导致河流水位下降。地下水位偏低则会导致泥炭质地面变干与下沉，导致地基风险、堤防塌陷，威胁城市植物生长。河流水位降低将导致咸水进一步入侵内陆。直接后果有两种可能：要么劣质水源会进入鹿特丹水系统，要么河水完全无法流入鹿特丹，导致城市水质下降。河流水位下降也意味着航行深度下降，将对水运造成阻碍。应对河流水位降低导致航运受阻的适应措施包括暂时使用其他交通手段以及减轻运输货物重量。

· 核心战略内容 ·

坚实而富有韧性的水系统：为增强城市抵御干旱和降雨匮乏的能力，鹿特丹正重点开展雨水收集和（地下）水补充工作。目前通过开拓沟渠、运河、水道、湖泊可提供更多蓄水空间，也采取了控制水位以及开闸放入优质水等措施，来维护和强化这一坚实的水系统工程。这会让该系统变得更为坚实可靠，即使面临长期干旱，也能够维系平衡状态。

实施适应性措施抵御干涸问题能够提升水系统的韧性。我们也在利用“城市里的空间”，例如在市中心增加透水能力、就地收集雨水，由此降低下层土壤、植物和地基干涸的概率。上述规划保护城市水系统以及依赖城市水系统生存的植物和动物，能够更有效地应对长期干旱和河流水位下降时的盐渍化加剧和淡水减少的危害。

及时采取充分措施，明确高风险的区域并对其进行监测是极为重要的，例如泥炭质堤防和干涸区域可能遭受严重损害。针对城市区域的长期影响研究也需要持续进行。

· 措施 ·

许多能够有效解决地下水位偏低和干涸的措施，都是打造“气候防护之城”的标准措施。例如，维护目前水系统的正常运行，并结合就地收集滞留雨水的适应性措施。尽可能在城市里创造额外的地表水也是一个有效的举措，例如拓宽或挖掘新的湖泊、运河、水道和沟渠。在全市范围内，可以通过延展已有蓝绿网络和建设新的蓝绿网络实现这一目标，例如在鹿特丹南部。这些网络又被称为“气候缓冲带”，还能与区域水网络连接在一起。此外，增强泄水能力也是一项有力的措施。

应对干旱期的适应性措施包括在建筑物里、花园里或街道上开展小型设计项目，以增加城市里的植物，减少铺设路面，直接提升地面透水能力，赋予城市海绵功能。实例包括建设私人“雨水花园”以及“墙面花园”，公共区域如“人行道花槽”和“生物沟”等透水植被。水广场的建设也可以结合透水措施。透水路面对道路而言是一个良好的解决方案。在干旱期灌溉和喷灌植物、灌木丛并不环保，但偶尔也是必须采取的应急措施。从长远来看，应考虑在城市里种植不那么娇嫩的植物。几乎上述每一条措施都有一个重要优势：能让城市在面临气候变化的各种不利因素（降雨、干旱、炎热）时，不那么脆弱。

· 因地制宜的方法 ·

干涸发生的概率和风险各不相同。建筑物密集、铺设路面多、开放水域少、植物和树木稀少的区域干涸风险更高，例如市中心和19世纪的老城区。上述措施在这些区域行之有效。在土地对干旱比较敏感的地区（压缩和下陷地区），以及使用木桩地基的区域，这些措施也是有效的。针对泥炭质堤防，最恰当的措施是水位管理和堤防监测。

· 长期适应 ·

很难将气候变化的影响与造成城市地下水位偏低的其他原因区分开来。城市布局和下层土壤的物理条件对土壤水文的影响，取决于当地的具体情况。需要进行长期、具体的研究，才能确定气候变化带来的确切影响。不过，许多城市（公共）区域已经实施了"无悔型"的适应性措施。

· 连接其他项目 ·

维护和改善现有水系统并实施适应性措施来改善市中心应对能力的时候，结合其他项目和倡议，跟随"城市节奏"行动很重要。实例包括"增加学校操场绿化"、城市农业倡议、本地居民用绿色植物取代铺路石等。道路和公园的维护与管理周期也提供了协同机遇。

· 携手合作 ·

鹿特丹市政府和水利部门是水系统的责任主体。打造防水城市需要个性化解决方案，以及这些部门间的密切合作。适应性措施也能让居民、企业以及其他组织积极参与其中，例如在周边区域增加植物或建设水广场。正在进行中的蓝绿色网络和气候缓冲带的建设得到了众多组织的协助，比如世界自然基金会（WWF）和ARK等自然保护组织。

· 附加价值 ·

构建鹿特丹的蓝绿网络，能让居民、企业和游客获益，该项工作不仅会在他们的家里和社区（绿色屋顶和墙面花园）周边进行，也会在城市内部展开（水广场和湖泊、蓝绿网络）。这些措施为改造现有城市提供了有利条件，同时，还能带来经济效益：第一，能够防止城市里的私人建筑物和植物花卉受到损害；第二，这些措施可能降低维护成本以及抬高公共区域地产的成本；第三，市内公园、花园质量和水质的提升，可能带动房价上涨。

尤其是社区绿色适应等小规模措施，能让鹿特丹人民更加深入地参与到自身的居住环境中，并改善自身与居住环境之间的关系。主要的生态附加价值则在于维护以及尽可能地改善城市生态质量并实现更为丰富的生物多样性。“蓝色走廊”就是一个良好的范例。

（五）高温

·未来任务概述·

气候变化将会导致高温天气频发，持续时间也会变长。城市热岛（UHI）效应让高温对城市的影响更加复杂。夏季高温造成的最大负面影响是健康问题以及死亡率增高、室内外温度舒适度下降、能源消耗增加、生产力下降、空气质量下降、水质和生物多样性下降以及基础设施故障等。未来的适应任务是让城市及其居民不那么容易受到高温天气的影响。

·核心战略内容·

即使面临气候变化问题，鹿特丹的城市气候仍然是宜人、健康的，室内外均如此。所谓城市气候宜人，即城市户外区域拥有足够多的纳凉处，如林荫公园以及水景。

核心战略内容，即在城市里种植更多植物，尤其是在铺设路面多、建筑物密集的区域。这一工作已在市内各个层面展开，无论是人行道还是城市公园。设计和维护方案将在无法增加绿化的地方采取其他适应性措施。与此同时，利用城市气温升高带来的机遇、增加公园和花园数量，将创造一个更加美丽的环境，带来更丰富的生物多样性，也能为休闲旅游业创造更多机遇。以上种种能为城市经济带来有利影响。

居住在热浪天气也能保持凉爽的建筑物里，对居民健康和福祉颇为重要。我们建议和鼓励住宅所有者增加抵御高温的建筑改造投入，选择节能方案，将保证即使在极端高温天气，室内环境也能保持舒适。所有城市新建建筑在最初设计阶段就考虑了耐高温的设计。

未来将持续监测高温天气对城市气候的影响，以及对人类、植物和动物的危害。针对气温升高对鹿特丹居民健康影响的研究，未来可能需要采取额外行动。

· 措施 ·

应对高温的适应举措重点关注两大因素：一是物理性适应举措，例如增加城市绿化；二是让公民、企业尤其是老年人等特定目标群体对极端高温天气的风险产生更深刻的认知。告诉他们如何在高温期间和热浪来袭之时，自发地采取防护措施，采取行动，创建一个健康、舒适的工作和居住环境，将高温的影响降至最低。

通过提供树荫和蒸发功能，城市绿化能够降低城市温度。增加绿化、减少市内的硬化铺设路面，是一项能够有效抵抗多种气候变化负面影响的适应性措施，也能让城市变得更美观。个人能够采取的行动包括修建绿色屋顶和墙面以及绿色内庭和花园等。公共区域可采取的一系列潜在措施，既包括在街道与基础设施（主干道、码头、单车道和步道）沿线增加绿化，也包括实施良好的管理，以及拓宽公园和绿化带，例如“蓝色走廊”；既涵盖建设校园自然操场和野外游乐场，也包括在鹿特丹堤坝外区域实施“与自然共建”。另一项适应性措施则是在公共区域使用高度反光材料。最后，加入水景（喷泉）不仅起到了冷却作用，也具有清爽、美观的效果。让建筑物变得更加耐热的措施包括白绿屋顶、易开式窗户、遮阳帘、防虫屏障，并且要确保卧室位于低楼层，且坐落在房屋北面。

· 因地制宜的方法 ·

重点是在最容易受高温影响的街区、街道和建筑物里实施因地制宜的方法，例如铺设路面的区域建筑物密集且缺少绿化的市中心，需要格外关注易受影响的建筑物，以及大量困难、经济不够宽裕的脆弱人口。进行房屋改造时，重点关注改善隔热较差的建筑。

·长期适应·

开展长时间高温天气预报，利用一切机会，结合政府与私人举措以增加市内植被。现有的植物、公园和花园仍然是鹿特丹宝贵的财富。也可结合公共区域（市政设施和基础设施）的管理维护周期开展行动。最后，结合私人改造项目、建筑整修计划、建筑规划、区域开发等措施促进长期适应。

·携手合作·

为让鹿特丹及鹿特丹市民在面临高温影响时，不那么脆弱，鹿特丹正与公民、雇主、高等院校、房地产公司、其他建筑和房产业主以及医疗行业利益相关方开展合作，打造一个具有高温防护能力的城市。

·带给城市的附加价值·

应对城市高温的适应性措施能够改善鹿特丹人民的健康和福祉，改善居家、工作环境以及公共区域的温度适宜性。许多措施也有助于让城市变得更加美丽、绿色、凉爽，能够创造一个更为舒适的居住和工作环境。企业家不仅能在旅游和休闲行业找到商业机遇，还能获得更高的劳动生产力和支付更为低廉的能源成本，其能够带来间接利益。积累城市气候变化有关知识，开发最为有效的应对措施，也能让鹿特丹从中受益。

四　开始行动

鹿特丹正积极做好准备，应对气候变化。鹿特丹应对气候变化的方式，能为环境、生态、城市和港口经济以及鹿特丹全社会创造附加价值。《鹿特丹适应气候变化规划》说明了城市不同区域能够采取的不同气候适应措施，并探讨了潜在机遇。简言之，《鹿特丹适应气候变化规划》涵盖了多项关键的适应决策，这些决策重申了鹿特丹的目标：积极预估气候变化的影响并提供指导以应对这些影响。有众多工具可用于支持适应决策的实施。

（一）工具

开发一系列工具，以支持适应规划的实施与发展。这些工具构成了打造政策工具箱的第一步，有助于落实规划，也为多个利益相关方设定了行动角度。其他（三角洲）城市也可以利用这些工具，并且已经有城市对此表达了浓厚的兴趣。这些工具一般是与中小企业合作开发的，是利用气候变化适应创造（经济）附加价值的良好范例。

·互动气候地图·

互动气候地图用数字化的方式展现了气候概况。地图集合了一系列图表、表格，提供了有关气候变化、气候情景、对鹿特丹的负面影响、易受影响区域和建筑的基本资料。地图也使得对比各种气候情景的负面影响成为可能。这样一来，就能轻松获取大量有关城市及地区的相关信息。各利益相关方也可利用气候地图，深入了解气候变化对特定区域产生的负面影响。这为气候防护城市设计相关决策、确定优先任务提供了基础。

制作方：气候适应服务基金（CAS）。

·气候适应晴雨表·

通过气候适应晴雨表，可以更加深入地了解制定适应规划、让鹿特丹真正实现气候防护必须落实的各个阶段。这项绝佳的工具能够帮助市议会制定适应规划，并对过程进度进行追踪。但是这一工具不太适合用于具体的项目监测，而是作为适应规划实施的一部分。其他已经开始关注气候变化适应的三角洲城市对使用晴雨表展示了浓厚兴趣。

制作方：鹿特丹市政府。

·气候适应工具箱·

气候适应工具箱能够协助空间设计和项目管理。工具箱概括了针对不同空间规模和目标的潜在适应性措施，其中目标可能包括：降低气候变化造成不利后果发生的可能性（预防），降低洪涝期间的各种危害或加速洪涝灾后恢复。气候适应工具箱提供了一个措施“菜单”，也是一个动态工具。从气候知识项目等研究中产生的新的解决方案将被纳入该工具箱。

制作方：鹿特丹市政府。

·经济评估工具：鹿特丹气候的社会成本－收益分析·

这一工具有助于深入了解不同适应举措下的方案组合可能带来的长期社会经济成本和收益，以及这些措施将如何提升城市的气候防护能力。这一创新工具十分灵活，能够有效支持适应战略决策，也能论证个别适应措施的合理性。这项工具证明了结合适应性措施与建筑工程或维护项目，几乎总能带来积极的成本效益关系，往往也能创造附加价值。

制作方：鹿特丹 Rebel 集团。

·鹿特丹气候博弈·

鹿特丹气候博弈是一个有关气候防护区域开发的严肃游戏。Feijenoord 案例地区是一个独特的、与堤坝外地区有部分相似的现代化区域，未来几年，将投入 1. 2 亿欧元建设该地区。在当下和将来，这笔投资将带来一个更加完善的气候防护环境。具体任务将由大量利益相关方参与设置，由于利益关切各不相同，如何分配任务，让每一个人携手合作实施这些适应性措施呢？这个模拟的气候博弈游戏把利益关切、互相依赖、优势以及合作的必要性，用写实的视觉化手段模拟呈现出来。通过博弈关注某些普遍存在的问题，从而能够对实施各项适应措施的影响以及其他参与方的利益关切加深理解和认识，并将这种认知应用于区域开发过程之中。

制作方：Tygron。

（二）从规划到实施

·规划实施方法概要·

适应规划制定了实施路线，实施途径则提出了鹿特丹落实这一规划的方式。制定实施途径的气候变化适应合作伙伴包括市政服务、水利部门和公共工程与水管理总局等其他政府部门、鹿特丹市民，以及房产公司、项目开发商和鹿特丹港等私人组织。实施途径并不是一个蓝图规划，但明确了优先任务，提出了与城市合作伙伴的规划和项目能够建立的联系，而这些合作伙伴正在“为鹿特丹工作”，也探讨了需要在什么时间范围内开展活动。这些活动包括切实落实试点项目、深入研究、将适应变为规划和流程的主流等适应措施。对气候变化适应与经济和参与性活动的结合也做了专门的讨论。实施的主要方面如下。

·规划实施要与“城市节奏”保持一致·

气候变化是一个缓慢的过程，其影响只会缓慢显现出来。同时，城市也在不断发展。市政工程和城市基础设施得到了维护，住房和办公室将被翻新，户外区域将被重新设计，整个城市将变得更紧凑。偶尔的经济下滑可能会延缓发展速度。经过一段时间，新的可能性、新的机遇将会出现，让城市的发展和（居住）环境的改善得以继续。基础设施改善更新改造具有平均每 30~50 年的周期，许多建筑工程预计持续更长时间。

治理即预见。从长远来看，被动等待气候变化带来的影响，可能会让城市付出沉重的代价。协同考虑城市开发和更新改造活动显然是明智的，基于我们目前对气候变化的了解，这也是可以实现的。开展气候防护行动时，应将保持“城市节奏”作为基础考量。

规划实施要因地制宜：城市许多地方面对气候变化的影响，都十分脆弱。市民对于能够让城市变得更具气候防护能力的措施和活动，也已经有了充分的认知。负责具体区域的有关部门必须决定哪些措施在该区域最合适、可行性最高。在很多情况下，鹿特丹市政府并非负责人，但需负责界定战略框架、提供建议并激励各方采取与区域规划相连接的适应行动。

规划实施将创造附加价值：让鹿特丹变得更具气候防护能力能够提升城市发展目标，为城市物理环境、地区经济及全社会创造附加价值。例如在哪些地方、以什么样的方法采取与城市建筑开发相关的工程性适应措施；采取创新设计与方法，吸引企业来到鹿特丹创新实验园区；选择能够改善城市居住环境的绿色适应措施，并吸引居民和企业的全程参与。如此一来，鹿特丹将继续维护其安全、有抱负的国际模范三角洲城市形象，既防患于未然，也展现了领导力。

携手合作是实施规划的一部分：气候变化的影响将在城市物理环境和城市社区的各个方面显现出来。在鹿特丹，各方正根据自身职责、抱负和目标携手合作。仅靠自身的力量，鹿特丹市不可能实现气候防护。鹿特丹居民也必须发挥自己的作用，每个人都应参与到适应气候变化规划之中。

· 气候变化适应已经在进行中 ·

在鹿特丹已经进行的众多活动和规划，都有助于其形成气候防护城市。具体例子包括鹿特丹水计划 2 号以及与水利部门签订的协议。达成的实质性成果包括提升了蓄水能力、改善了水质。此类项目往往具有创新性，并且能够引起国际政府和投资者的注意。

除了改善城市水系统之外，作为一项综合规划，《鹿特丹适应气候变化规划》也重视其他重要城市功能：核心市政服务、交通基础设施以及环境。鹿特丹水计划中制定的方法将延伸到建设气候防护之城的每一个方面。适应规划提供了一个工作框架以及讨论基础，目的在于就气候防护型的城市发展达成一致目标和实质行动。

鹿特丹正努力成为一个气候防护之城，对居民、游客和企业而言，鹿特丹将是安全而迷人的城市，未来也将是一座健康的适合居住、生活、休闲的三角洲城市。

编制部门：

《鹿特丹适应气候变化规划》主管机构：鹿特丹可持续和气候变化办公室。

编写：“鹿特丹气候防护”（RCP）管理团队。

鹿特丹市政府，2013 年 10 月。

更多信息：www.rotterdamclimateinitiative.nl。

Ⅲ 欧盟城市气候韧性设计案例

一 法国巴黎绿洲校园（OASIS Schoolyards）

1. 背景

气候韧性思维要求城市从整体上审视自身的能力和风险，因为城市面临的挑战很少是单个的冲击或单一的压力，而是两者相互关联的组合。2014 年，巴黎市在申请加入全球 100 个韧性城市项目（100 Resilient Cities）时，强调了自身在极端高温和洪水方面的脆弱性。考虑到 2003 年造成 700 多人死亡悲剧的热浪事件，塞纳河在大降雨期间溢出堤岸的可能性，以及对气候变化将在较大程度上加剧这两个问题的预期，这些风险显然是当时需要优先考虑的。因此，在制定气候韧性战略的过程中，巴黎将应对极端高温风险的工作重点转移到建设包容和团结社区的项目上。

2. 理念

巴黎是欧洲人口密度最高的首都城市，人均绿化面积仅有 14.5 平方米，相比之下，伦敦有 45 平方米，罗马则有 321 平方米。大多数巴黎人住在离学校不足 200 米的地方。

巴黎市内到处都是沥青铺就的不透水路面，这加剧了城市热岛效应和雨水洪灾的风险。由于空间有限，巴黎市不得不考虑利用现有资源来应对热浪、洪水、社会凝聚力下降和绿地有限等气候韧性挑战。

在制定气候韧性战略的过程中，巴黎市发现，市内不透水露天铺筑路面有超过 70 公顷位于校园和大学校区内，使其成为诱发城市热岛效应的因素之一。此外，这些校园和大学校区知名度高、为公众所熟知，且大多数巴黎人住在离其不足 200 米的地方，故而一方面校园成为社会基础设施的主要部分之一，但另一方面，即便到了现在，校园在课余时间一般也不会对公众开放。

因此，2017 年 9 月通过的“巴黎韧性战略”（Paris Resilience Strategy）设想，将巴黎的 761 所学校改造成绿岛，即“绿洲”，为所有社区居民（包括最脆弱的群体）提供更凉爽的环境，提高社区凝聚力。

3. 项目

绿洲（意指：开放、适应、提高认识、创新和社会联系）校园项目（OASIS Schoolyards Project）力争改造地方市区，以适应气候变化，且需要当地城市居民的积极参与。巴黎市于 2018 年从本市现有学校改造预算中拨出约 100 万欧元的资金对三所试点校园进行改造，标志着绿洲校园项目正式启动。入选的三所学校分别为：第 12 区的 École maternelle，地址：70 avenue Daumesnil；第 18 区的 Écolc maternelle，地址：2 rue Charles Hermite；第 20 区的 École maternelle et élémentaire，地址：14–16 rue Riblette。上述三所学校中最后一所学校的改造工作由教育界人士共同参与设计，包括教师、学生和家长。

选择三所试点学校的标准包括：

- 直接街头问卷调查；
- 距离其他绿地较近；
- 相关教育界人士有兴趣参与；
- 土壤污染程度低；
- 满足测量气候影响所需的最小表面积要求；
- 预先拨款进行改造工程。

改造工程包括：

- 用多孔材料代替沥青；
- 增加绿地面积；
- 实现防洪用水管理现代化；
- 安装冷却喷泉、喷水器等设施；
- 提高雨水排放效率；
- 建造天然和人工遮阳设施。

此外，该项目将通过与当地社区成员（包括学生）共同设计校园，增强社会凝聚力。在刚开始的时候，升级后的校园为上课期间的师生创造了凉爽的环境，也在热浪袭来时为体弱的市民群体（尤其是老年人）提供了庇护，但巴黎市最终的目标是在课余时间向更多公众开放校园，并通过校园让人们更深入地了解气候变化对城市环境的影响。

绿洲校园项目的创新之处在于它的管理。本项目汇集了 12 个不同的市政部门（譬如学校、卫生、道路、绿地和水务部门等），采用统一的流程、预算和计划表，实现本项目的综合设计与实施。在这种独特的管理制度下，城市首席气候韧性官和巴黎气候韧性团队在协调项目工作和确保气候韧性效益最大化方面发挥了主导作用。

4. 总结经验，展望未来

到 2050 年，巴黎市计划将“绿洲校园”理念推广到全市 700 多所学校，以此进一步提高本市对热浪的韧性。2019 年，巴黎市将重点改造其余 33 所校园，并计划加快与使用者合作设计的进程。除了在全市范围内推广项目外，巴黎市如今正考虑将绿洲项目中使用的气候韧性方法应用于其他基础设施和公用设施。

从 2018 年试点中总结出的一些重要经验包括：城市规划者和城市气候韧性项目执行者需要制定一套完善的方法，以便与更多的教育界人士共同设计和建设类似绿洲校园这样的项目。巴黎市还计划为校园改造的框架和规范制定相应的标准；三所试点校园的改造工作分别由各自所在区的建筑部门完成。巴黎市正在努力对校园进行分类，同时也为将校园改造成降温绿洲设定了必须满足的最低标准，而少数几所旗舰校园需满足更加严格的标准。

在下一批校园改造过程中，巴黎市将检验和评估户外空间和邻近学校建筑的创新降温方法。巴黎市将采用最前沿的、高度可持续的材料和工程解决方案，随着气候变化影响愈演愈烈，巴黎市的做法将在全球各地的城市引起广泛共鸣和竞相模仿。然而，这些解决方案投入使用的话，会增加实施成本。因此，巴黎市正在寻找新的方法来筹集部分项目资金，并为项目运行和维护筹备资源。巴黎市最后一个需要解决的问题，是如何在课余时间向公众开放校园，同时又能确保校园安全和维护。让校园成为社区互动和娱乐场所，所有人均可进入其中。

5. 成果和影响

与目前的校园设计相比，改造后的绿洲校园预计将使地表温度下降 10%，日间气温下降 1~3 摄氏度，吸水性增加 4~16 毫米。这些与使用者共同设计的位于社区中心的新呼吸场地，将改善居住环境，应对气候紧急情况，增强社会凝聚力。绿洲校园如同肥沃的岛屿一样，能够为干旱环境中的植物和人群提供庇护，更进一步，成为城市环境压力的避难所。

6. 资金

绿洲校园项目也在欧洲获得认可，与欧洲各国其他 22 个项目共同参加当年度“城市创新行动奖”（Urban Innovation Actions，UIA）评选，并最终获此殊荣。巴黎市已有充足的资金，将于 2019 年改造 33 所校园中的 10 所。已有 500 万欧元的联合资金将用于制定一套标准化的方法，共同设计绿洲校园，并确定有效的解决方案，以克服目前向更多公众开放学校设施的瓶颈。这笔资金还将用于 2019 年 33 所校园中的 10 所的改造工程。按照城市创新行动项目要求，绿洲校园项目的方法、流程、成果和影响也将进行全方位评估。

7. 气候韧性设计特点

绿洲校园项目的设计明确考虑了城市韧性的以下特性。

- 稳健：因为它符合所有最低限度的建筑规范要求，在设计过程中以安全为首要原则。
- 综合：因为它在设计时已考虑到其他城市计划和预算，而且，试点校园的首要关键步骤是与其他市政部门的利益相关者联合制定一套综合管理体系，双方共同将项目化繁为简，并组织和推动明智决策过程。
- 反思：因为衡量和评估已经成为一项必不可少的关键要素，温度和水分入渗等重要指标发生的变化将进行监测，相关数据也将进行分析。从初期结果总结得出的经验教训，将作为日后改造项目设计的参考。
- 资源：因为它充分利用现有的城市资源，试点学校之所以能顺利入选，其部分原因在于这些学校已经有了改造预算。
- 包容：因为绿洲校园将在热浪期间向体弱群体开放，最终在全年

图 1　绿洲校园项目实景

内课余时间向更多公众开放。此外，学校和更多社区共同参与设计，是项目向前推进的一个关键要素。

二 希腊雅典艾莱奥纳斯：一个充满韧性的地区

1. 背景

雅典在其未来五年的运营计划中设定了本市的长期战略目标。“绿色凉爽城市项目”（Greener and Cooler City）旨在解决本市的重点问题之一，即如何优化基础环境参数和如何提高所有居民的生活质量。

2. 理念

城市绿地与环境理事会（Directorate of Urban Green Space and Environment）制定了一个目标：首先，通过提出具体的可持续发展建议，把雅典建设成为一座绿色凉爽城市；实现环境改善方面的可衡量目标；考虑其他社会和经济问题。主要环境目标如下。

- 缓解城市热岛效应；
- 降低能源消耗和二氧化碳相关排放；
- 改善生物气候指数（不适或热舒适等指标）；
- 提高二氧化碳吸收量，加强抑尘效果；
- 增设遮阳设施；
- 减少噪声；
- 雨水管理。

与此同时，在社会方面，本项目旨将市中心恢复为住宅区并阻止其退化趋势，为所有在雅典生活或工作的群体提供更健康的环境并提高他们的生活质量。目前的情况有以下几个特点：

- 本市七个区的公园和绿地分布不均；
- 新增绿化用地最少；
- 现有绿地需要基础设施和植被升级；
- 大型重要绿地开放程度不足（特别是对体弱群体，即老年人及儿童）；

- 所有权归属不清，因为在某些情况下，重要的绿地在行政上属于其他公共设施；此外，具有重大考古价值的地方需要与文化部合作；
- 缺乏财政和人力资源；
- 每个项目执行期间受到严重官僚作风和复杂行政程序的阻碍。

3. 项目

艾莱奥纳斯的城区属于后工业化区，目前经过调整后适合轻工业、物流和技术产业发展。整个地区有大量的开放绿地（根据总统令分派），分布于各个社区之间。然而，由于缺乏关键的基础设施，如道路、排污系统和街道景观、政治意愿和投资兴趣，本地区仍然没有得到充分利用。目前的状况很大程度上是利益冲突、管理混乱和缺乏清晰的愿景所导致的，而如果有清晰的愿景作为引导，不同级别的政府则会通力合作，把本地区的潜力转化为雅典市的亮点。除中央政府的管理延滞了本地区重要基础设施的建造外，雅典市政府也没有按计划完成对艾莱奥纳斯 30%（约 45 公顷）的城市设计，因为市政府也缺乏足够的资金征用计划用地。

本政府项目计划从所需基础设施入手，通过彻底的改造来振兴整个地区。雅典市在本地区持有大量土地，故而有人提议将这些土地用作创新和清洁技术产业的（联合）办公用地，以建设一个以共同创造、绿色发展和清洁技术创新为特色的创新地区。

在网络化社会中，市政当局可以探索联合城市建设的新模式。譬如，市政当局可以制定项目运营、土地使用和环境框架，欢迎雅典市的建筑专家、城市规划者和景观建筑师就其名下各个地块的设计积极建言献策。坚持创新、全面可持续管理（中和能源和废物、提高绿化比例、发展循环经济等）和城市福祉的原则，在本地区建设新型体育设施。

为推行上述愿景，下列行动 / 研究须落实到位：

- 本地区余下部分（45 公顷）的城市设计；
- 主要基础设施的技术研究，由市政当局负责；
- 市政不动产利用与可持续发展的战略与商业规划；
- 城市建设合作试点工程。

4. 气候韧性要点

- 优化并促进与市民的沟通渠道；
- 与本市利益相关者开展合作，提高其参与度；
- 支持统筹规划，加强市政领导；
- 最大限度地发挥雅典社区的活力；
- 加强对本市非法经济的监督；
- 将基础服务与动态城市发展相结合；
- 投资当地能力建设；
- 促进公平、团结、互助社区建设；
- 保护和维护关键基础设施；
- 提升城市形象；
- 促进当地文化发展；
- 支持和促进人才建设；
- 刺激经济发展；
- 促进可持续管理和发展；
- 支持和改善自然环境；
- 提升居民幸福感，改善其生活质量；
- 最大限度地发挥“言出必行：雅典市”（Action Owners: City of Athens）（相关部门、城市韧性和可持续发展办公室）这项城市计划的作用。

5. 合作伙伴

阿提卡地区、平台合作伙伴、高校、雅典开发和景点管理处（Athens Development and Destination Management Agency）、经济与发展部（Ministry of Economy and Development）、创意产业部。

6. 资金来源

结构基金、区域基金、市政基金、2014~2020 年净稳定资金比例。

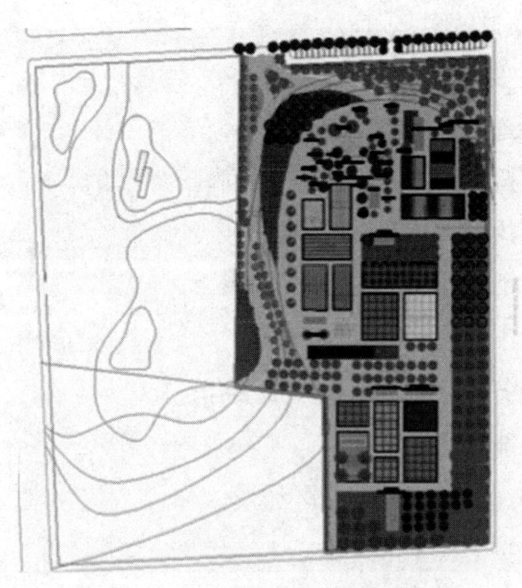

图 2　雅典艾莱奥纳斯社区改造

三　意大利米兰：气候韧性总体规划

1. 背景

到 2030 年，米兰这座城市及其扩大后的都市圈与全球各地的联系将更为密切。与此同时，米兰也将注重本地发展，重点关注主要的广场和交通节点，这两者对不断增长的青年人群和城市中产阶级至关重要。米兰市将变得更具创造力和包容性。绿意盎然且具备气候韧性的米兰，需要市中心同郊区的城市空间质量保持一致；本市的 88 个社区要有强烈的地方认同感。米兰只有克服市区与其周边地区在物理、社会、经济方面的差距，才能实现包容性发展，并将其辐射到所有社区，提高所有居民的生活质量。正是有各界人士的积极参与，米兰市才能制定高瞻远瞩的

《米兰城市发展总体规划》（City Master Plan of Milan）。

米兰的目标是建设成为其市民想要的城市面貌。我们认为，在米兰及其公民的共同努力下，“总体规划”中概述的各个项目将更有可能获得成功，我们会努力让城市周边地区重新步入正轨。

在推动米兰2030年“绿色、宜居、韧性城市”规划的五个主要目标中，其中之一便是关注气候变化适应问题。这一方面的主要措施包括：恢复一系列未充分利用的公共和私人空间，将其整合纳入生态走廊；通过引入新的建筑物标准，提升现有和新建建筑的环境可持续性。

2. 理念

连接米兰、大都会区和世界。作为广阔的大都会区的核心所在，米兰计划通过大力投资公共交通来提升本市的交通便利性：建设新规划的M4号地铁线（旅客能在15分钟内从利纳特机场前往市中心）；延伸其他地铁线至城市边界之外；改善铁路带；发展高速列车和地区铁路服务等。我们期望城市形态的演变能与公共交通的发展并驾齐驱，注重未来发展和交通之间的关系。由于公共空间既有的密实化和再生化在相应的模式下得以融合，目前每天吸引数百万人前来参观的12个交通枢纽有望成为主要的大都会景点。通过这种现象，我们可以看到一种城市发展逻辑，即让居民区聚集在火车站或地铁站周围，以降低对私人交通的依赖。

一座富有吸引力和包容性的充满机遇的城市。到2030年，米兰市的青年人口预计将增加5万人。值得一提的是，新的激励措施为“第四经济”打开了道路，将创新生产带回城市核心——为米兰的年轻人以及所有社会阶层、年龄和背景的居民提供新的就业机会。此外，还将开发米兰市外围的六个区域（这些区域面向所有人开放，并处于城市战略轴线上），目的是吸引国际投资，并汇聚经济机遇。这些类似于前哨站的区域可用于各种用途：既可用作机构和行政办公室，也可作为支持文化生产的建筑物或者医院设施、教室和大学服务处、初创企业孵化处、大型体育设施、可持续物流仓库。

绿色、宜居、韧性城市。可持续发展和气候韧性是未来米兰愿景的核心所在。与现行规定相比，新的城市规划拟通过一种独特的方法，将300多万平方米以前用于农业或新建筑的土地集中起来，以减少4%的土地消耗。“米兰2030年战略”设想创建一个统一的大都会区，将所有现有的公园以及市内碎片化的公共和私人空间连接起来，形成多条生态走廊。总的来说，到2030年，米兰市将拥有20个面积超过1公顷的新公园。米兰铁路站场的重建将会另外开放65公顷的绿地，这不仅将成为本市在Scalo Farini的第三大公园，还能形成“绿色廊道”结构，即一种与铁路系统共同发展的新式生态系统，其部分资金来源于“欧洲智慧城市项目”（European CLEVER Cities）。

与米兰理工大学合作，市政府正在起草城市林业指南，目标是在整个大都会地区种植300万棵树。该项目是米兰市正在进展中的韧性战略的一部分，得到了全球100个韧性城市项目的支持，米兰市也拟将其纳入总体规划。

新城市规划通过《实施细则》第10条新增了现有和新建建筑物的环保性能标准，这对米兰的气候韧性工作也具有重要意义；新标准要求提高能源效率，重新自然化和拆除路面（包括绿色屋顶），以及二氧化碳减排认证。

一座城市，88个社区。米兰2030年规划概述了克服内城和外城之间障碍的几项举措。位于市中心和市外围之间的六处主要广场，其再生工程坚持以选择性致密化为原则。这些广场目前的作用是作为交通枢纽和行人歇脚点；在获得新身份后，它们能够刺激投资，提高城市的吸引力和宜居性。铁路带沿线七处废弃铁路站场（经测量，总面积超过100万平方米）的重建，以及纳维格里运河（米兰历史悠久的水道）重新开放项目，也将有助于为本市的88个社区建设统一的形象。

米兰的复兴，远不是仅仅关注天际线的变化，而是将公共空间作为一种基本的公共利益。目前正在对大大小小的公共广场进行改造，其目的在于加强当地社区的特色，改善步行体验，增加绿地面积，支持当地商店和旅游业发展。这些广场有利于安全、团结和社会包容，建立在广泛的服务基础上，而这些服务是专门为年轻人、老年人和最体弱的群体设计的。

复兴之城。米兰的特定地区将鼓励城市结构的扩散式再生。倘若相关方案和激励措施可以使用的话，我们希望它们能够刺激退化地段的改造，从而提高城市质量，改进综合功能和服务，并全面促进城市最脆弱行业的经济、社会和文化发展。空置地区和废弃建筑是重建工程的主要对象。为了重新启用废弃的公共区域并创造新的机会，首先，米兰加入了碳 40 城市气候领导联盟发起的“重塑城市”计划。米兰市发起了一项国际竞赛，在高可持续性标准下，特别是在“碳中和”方面，对 5 处场地进行重建。此外，该规划还规定，私营企业有义务拆除废弃建筑，或落实建筑恢复工作，否则将失去现有的建筑权利。最后，米兰市的城市外围规划为 2021 年前改造和分配 3000 套空置公共住房铺平了道路。

总的来说，米兰 2030 年规划所阐述的愿景是让米兰这座城市不仅在规模上变得更大，在实力上也更强大。这一增长影响了整个城市，通过将 3.5 亿欧元的市政基金与私人投资整合在一起，以支持并更好地将米兰周边地区融入更大的市区之中。这就是米兰转型的故事。公共和私营领域精诚合作解决问题，以综合的方式开展工作，并为世界各地其他城市树立榜样。

Ⅳ　德国多特蒙德市的绿色未来：城镇再开发中的水管理*

引　言

多特蒙德市实现了从主要工业城市到德国威斯特伐利亚地区“绿色大都市”的华丽转身。二战之后，伴随着大型煤矿和钢厂的关停，该城市开启了其重要的可持续再开发项目，该项目也显著改善了城市水管理和可持续发展规划。

19 世纪晚期到 20 世纪，多特蒙德一直作为欧洲酿酒、煤炭和钢铁行业中心为世界所知。1990 年，为了与时俱进，多特蒙德开启了一场重要的再开发进程，这一项目主要目的是通过提倡可持续发展实践来实现更宜居的工作和生活环境。这一项目包括打造大型人工湖、调整市政用水结构、改善生态栖息地及增加该市自然保护区数量。该项目还引入高新科技产业，把多特蒙德打造成为主要物流集散地。该项目成功帮助多特蒙德成为德国“绿色都市”，并取得多领域发展成就。多特蒙德市大力建设防洪基础设施、河流复兴项目以及大力建设城市公园及花园，打造了作为人居、聚焦高新科技和吸引游客最大亮点的人工湖，凭借该项目，多特蒙德不仅实现了城市再开发，还成为城市可持续发展方面的未来领袖。

---

* 德国多特蒙德市的绿色未来，宜可城（ICLEI）案后报告，2016 年 10 月，www.iclei.org。感谢宜可城 - 地方可持续发展协会同意本书收录此篇文章。

一 城市水管理的重要性

随着全球各地每个月数百万人口涌入城市，城镇化发展意味着需要增加供水。然而，麦吉尔大学在 2014 年的一项全球研究显示，目前世界上每四个主要城市中就有一个面临用水紧张问题，全球各流域均存在过度开采，需要跨越 27000 公里调动 5040 亿升水才能满足居民的用水需求。这意味着全球各地的城市水管理刻不容缓。为了应对气候变化，建立健康的生态服务十分必要，而供水保障则是其关键支撑。因此，改善水管理以确保其居民能更好地适应未来，享有安全保障和生活质量则是地方政府题中应有之义。

多特蒙德在其再开发项目中对水资源进行的重构是成功的。多年来，埃姆舍尔河饱受工业生产污染和污水系统老旧过时等问题的困扰。经过修缮主要防洪设施及生态恢复措施，该河流情况大有改善。而凤凰湖的建设，也为该地区带来了涵养水源和降温功能。这一案例主要聚焦该市水管理，尤以人工湖项目和河流清洁系统为重点，这些项目大大增加了多特蒙德的生态适应性。

二 多特蒙德城市背景

多特蒙德位于德国北莱茵威斯特伐利亚州，是鲁尔工业区的主要城市之一，这一地区是德国前产煤区。该市由 12 个区组成，多特蒙德是德国第八大城市，其科技产业和学术研究实力雄厚，旅游业高度发达。

城市概况：人口 60 万人，面积 280.7 平方公里；市政府财政预算：22.3 亿美元；自 1990 年起已建立温室气体排放清单，到 2012 年，多特蒙德的温室气体排放较 1990 年基准降低了 25%。

多特蒙德市开启其再开发项目之前，该市基础设施发展主要服务于工业发展。自 1875 年起，随着工业革命的高涨，直到 2001 年多特蒙德市主要钢厂的关停，煤炭、钢铁和啤酒酿造是多特蒙德地方经济的主要支柱，这些工业领域占据了近 8 万个就业岗位。然而，随着工业在 20 世纪 90 年代的衰落，钢厂和煤矿陆续关停。而蒂森克虏伯这一工业时代最后的巨人也在 2001 年关闭了其在多特蒙德的多数拥有巨大厂址的工厂。随着钢铁行业的迟暮，人们才开始意识到发展“新多特蒙德”的迫切需要。

展望未来：多特蒙德将成为 IT、软件、微纳米技术、物流行业、电子商务及日益涌现的生物制药、机器人技术等朝阳产业的中心。上述行业的 1400 多家公司创造了 37000 多个就业岗位。

三 “新多特蒙德”：侯德区的可持续再开发

建立一个“新多特蒙德”要求对废弃的工业园和被废水污染的河流进行重构。在侯德区，政府从凤凰区炼钢厂收购了 200 公顷的土地，用以建设科技园、人工湖和修缮一个新的废水管理系统。这一再开发项目由多特蒙德政府和新成立的开发署领导，通过市政部门执行。Ullrich Sierau 市长在该项目的战略制定和资源筹集方面发挥了积极作用。该项目主要目标是将多特蒙德市打造成创意和商业发展的领军者，为人们提供良好的居住和工作条件。

项目大体上可以分为三个部分。

- 凤凰东区的再利用，重点是建设一个满足公众需求的人工湖，提升生活质量、住房条件和旅游业。
- 通过对城市废水处理系统的重构，经过清理的埃姆舍尔河再度重现。
- 凤凰西区将被改造成为一个科技园，旨在创造信息和通信技术（ICT）与科技 MJT 和 MST 产业的就业及创新机会。这一转型还包括在南部扩大绿地面积。总览全局，“新多特蒙德”再开发项目重要目标是：通过开展可持续实践创造就业岗位，提升生活质量。

1961 年的凤凰区（摄影：Will Grath）　　凤凰西区选址（摄影：Frank Vincentz）

图 1　凤凰区的前后变化

1．凤凰湖的诞生

2010 年，在欧洲曾经最大的钢厂所在地诞生了凤凰湖。为了完成“新多特蒙德”的目标，凤凰湖项目将被打造成多特蒙德市的名片，为人们提供一个快乐工作、幸福生活的城市空间，使这座城市脱颖而出。该湖镶嵌在多特蒙德市中心附近的废弃工业带，占地面积达 24 公顷。该湖 1230 米长，360 米宽，最大水深达 4.6 米。该湖位于侯德区附近，这是多特蒙德市崭新迷人的郊区所在。多特蒙德市议会的都市规划和建设发展部于 2004 年启动该项目建设，并于 2010 年 3 月完工。

凤凰湖也带来了观光客，提振了当地居民社区，并吸引科研机构在这里落地。该湖为人们提供了滨湖步行道、船舶停靠、水上运动和文艺表演区及餐饮空间。此外该湖还发挥着防洪蓄水功能，在 60 万立方米容量的基础上，额外提供 36 万立方米调蓄容量，主要承担雨水收集、储存和洪涝调蓄功能，为大量降雨和埃姆舍尔河泛滥提供防护保障，并有能力应对百年一见的洪涝灾害。而该湖设计符合自然规律，不会发生河流倒灌湖泊情况，以保障各自生态系统的多样性不会受到影响。

2．重塑埃姆舍尔河自然风貌

埃姆舍尔河全长 85 公里，是莱茵河较长的一条支流。它始于多特蒙德市东部，流经德国鲁尔工业区北达杜伊斯堡市。该河构成了多特蒙德市的中心轴线。在工业化时期，该河一直作为凤凰东区钢铁厂的地下排污渠，人们把它称为“霍施渠”。该河流的生态多样性和生态系统受到工业生产的严重破坏。该河水质不可饮用，河床和河岸曾经过混凝土改造以提升排水性，可以说整个河流系统需要进行再开发。埃姆舍尔河的自然恢复项目主要聚焦于废水再分流、提升防洪能力以及自然动植物恢复，同时为沿河开展娱乐休闲活动创造条件。

3.废水再分流

作为再开发项目的一部分，埃姆舍尔河排水和废水管理系统实现了朝向自然开放水系的转变。流经鲁尔工业区的埃姆舍尔河流域包括超过 240 公里长的排污渠，平行于河流系统，位于中心位置的是一条大的排污渠。在多特蒙德市，这一主排污渠作为整个排污渠的中轴线，连接到多特蒙德－德尤森污水处理厂，这是位于鲁尔工业区的埃姆舍尔河流域的四个污水处理厂中的一个。全新的废水排污渠相汇并连通于凤凰湖的南部和西部，埃姆舍尔河将沿着凤凰湖的北部边缘自由流动。多特蒙德市政府将在 2020 年之前全面改变水系统，以降低排入埃姆舍尔河的峰值流量。

图 2 经过自然恢复的埃姆舍尔河

（摄影 S. Baer）

图3 凤凰湖埃姆舍尔河自然河道城市一体化改造

（摄影 Wirtschaftsfoerderung Dortmund）

4. 防洪

沿埃姆舍尔河在多特蒙德地区有三个泛滥平原。在侯德区，凤凰湖作为一个巨大的雨水收集储存系统存在。它从设计上保护下游人口密集地区免受洪涝灾害袭击。在多特蒙德北部门格德和雷克林豪森，埃姆舍尔河被改造成一个宽度为200~300米的河曲。该河通过四个大约5米长的堰坝流入一个出水口，起到阻水和储水的目的，水流和水速受到控制有助于防洪。这些在埃姆舍尔河周围的平原设计目的是应对十年一遇标准的洪水。

5. 生态恢复

埃姆舍尔河沿线生态环境的自然生长和可持续改善是项目主要的焦点。经过再开发的泛滥平原建设，目的在于使自然生长实现最大化。雷克林豪森的上游泛滥平原以固定的、较小的洪流间隙储水，保障下游流量稳定，使下游自然生长的动植物能够在这个地区存活更久。下游门格德泛滥平原覆盖更大规模的洪水，控制流域中的水流，为新湿地的形成和周边土地的灌溉创造条件。这些湿地有利于自然植被生长，最终实现沿河岸半数本土树木、半数其他本土植被的自然生长态势。

图 4　埃姆舍尔河系统的自然恢复：
多特蒙德 – 舍瑙地区吕平斯巴赫混凝土围墙的拆除
（摄影 Stefan Kunzmann）

四　主要成果及对社区的影响

1. 就业和产业增长

多特蒙德市 70% 的经济是由服务业的中小企业构成的。多特蒙德市扮演着为周边地区制造业提供服务的重要角色。多特蒙德市主要行业包括信息技术（IT）、微纳米技术、生产制造和信息技术创新。20 世纪 90 年代再开发项目启动后，该地区单位 GDP 就开始增长。新科技行业的增长主要来自多特蒙德科技园和该地区的高等教育机构。就业也实现稳步增长，到 2015 年新增了 5900 个就业岗位。尽管失业率较高，但在 2016 年 6 月出现了 11.8% 的快速下降。失业困扰的人群主要是很难通过学习新技能在新兴行业实现再就业的老产业工人。失业救济部门和地方政府、行业协会和研究机构正在尝试找到解决这一问题的有效措施。

2. 休闲娱乐和生活质量的提升

很多居民早期对凤凰湖项目持有疑虑态度，尤其是这一项目导致沿湖周边房价上涨。实际上，再开发项目旨在从多个角度提升多特蒙德人民的生活水平。该人工湖为帆板、划船、骑行、徒步和滑冰项目提供了空间。沿着埃姆舍尔河用回收土新建的步行道和自行车道，为周边居民提供了户外锻炼的便利。而城市中的一湾清水、自然生长的动植物以及美丽的城市公园和花园，则为游客和居民带来极大的享受。

3. 绿化覆盖率提高

多特蒙德市绿化覆盖率接近 50%，包括森林、农业、花园、公园、自然保护区、河畔自然景观等。得益于污水管道改造，凤凰湖和凤凰西区已经成为埃姆舍尔郊野公园的一部分。现在，它是德国鲁尔工业区长达 84 公里的绿地交面的一部分，这片绿地以多特蒙德市的埃姆舍尔河为起点，一直延伸到其与莱茵河交汇处。大大小小的公园环绕着多特蒙德市。威斯特伐利亚公园拥有世界第三大丰富的玫瑰品种，约有 3800 种玫瑰，举办过三届联邦园艺展。多特蒙德的植物园——隆贝格公园拥有 4500 多种不同的树木，占地 65 公顷，是德国最大的植物园之一。多特蒙德市的自然保护区正在稳步增加，1977~2016 年，近 10% 的市域面积被纳入保护范围。

五 主要经验

让公众更多地参与决策，更有可能提升公众对凤凰湖项目的热忱和兴趣。在再开发的初始阶段，居住在项目区附近的许多居民存在犹豫和恐惧心理，因为房价可能因此上涨，富人会涌入以工人阶级为主要居民的侯德区，而凤凰湖将建在这里。

常住人口的融入仍然是再开发面临的难题，但是建立一个居民发声的平台，可以让居民有更大的热忱和安全感。例如，2006 年，在建设河滨洪泛区时，召开了一场关于河道末端出口设计和建设的研讨会（见图 5）。他们得出结论，排洪口再开发工程的透明度非常重要，于是增设观景台、跨河桥梁和通往堰坝的步道。

打造资金和领导力的多样性。没有任何一个政府成员、开发商或投资者在项目中掌握多数权力，这就使得各种资金得以参与到项目中，头脑风暴可以充分地进行。市长在争取公众支持方面具有极大的吸引力和

图5　市民沟通会

（摄影 Michael Leischner）

影响力，他是引领和团结公众的重要人物，同时许多成员的想法和声音也都得到重视并落实到项目中。

对于一个失去了主要经济支柱的城市来说，这个项目的规模相当庞大复杂，因此需要一个合作、开放的机构和团队来有效地协调规划、营销和公众参与。北威州多特蒙德市举办了多场研讨会，德国大型开发机构 Urban 和蒂森克虏伯公司都参与其中。这些研讨会把顾问、规划师、知识机构、开发商和建筑师的想法整合到“新多特蒙德”这一大概念中。

明确、清晰的目标会带来更具体、更富有成效的结果。在多特蒙德市去工业化后，该市大多数政治领袖都认为，如果要维持一个大都市的竞争力，必须对城市进行大规模的再开发。然而凤凰湖再开发项目的结果是，成本远超预算编制和设计规划时的预期。例如，由于现场评估无法做出准确预测，挖掘钢铁厂旧址污染土壤的实际费用增加。另外，项目费用的很大一部分是由出售湖岸建筑物的土地承担的。如果从项目一开始就有明确、可实现的目标，例如优先考虑可持续设计，就可以缓解因资金紧张而可能产生的矛盾。

在再开发过程中优先考虑可持续实践，将对社区产生长期、有益的影响。多特蒙德市的再开发重点围绕提高适应气候变化的能力，将水资源管理和绿化作为主要的落实手段。它找到了让市民享受户外生活的方式，增加了常住和旅游人口，改善了供水和防洪，并建设了更多供市民享用的花园和公园。通过优先改善供排水系统，该市不仅可以更加充分地应对暴雨和洪水，而且重点关注了居民生活质量、生物圈和气候的改善。

这个案例研究的结果表明，饱受陈旧基础设施或生活模式困扰的城市，有可能通过采取可持续发展实践取得成功。虽然多特蒙德市的项目在某些方面显得很独特，但是有很多可行的方法来实施地方层面的可持续再开发计划。多特蒙德市的再开发项目表明，规模较小的项目，如增加公园和花园的数量，或者修缮供居民使用的自然步道，能够改善居民生活质量和适应性。通过重点改善水管理，城市可以逐步减缓气候变化，增加供水，提高整个城市的韧性。

作者：Rebecca Peet, ICLEI东亚秘书处
撰稿人：Michael Leischner, 多特蒙德市
编辑：Shermaine Ho, 宜可城-地方可持续发展协会（ICLEI）东亚秘书处

联系方式
Michael Leischner
城市气候保护负责人
多特蒙德 德国
电话：+49 231 50 26 904
邮箱：michael.leischner@stadtdo.de www.dortmund.de/en
ICLEI 全球秘书处（WS）
能力中心
Kaiser-Friedrich-Str. 7
53113 Bonn, Germany
电话：+49-228 / 97 62 99-00
传真：+49-228 / 97 62 99-01
邮箱：urban.research@iclei.org www.iclei.org

第二部分：中国篇

I　人类世时代背景下城市适应气候变化的若干思考*

大量科学证据表明，地球已经进入被科学界称为人类世时代的新的地质时代。在以要素大加速、复杂性和互连性增加、不可逆过程增多为特征的人类世时代，系统性风险等新型风险大量涌现。城市化是人类社会发展的高级阶段，但以化石能源为基础的城市建设和发展对地球生态环境也产生了巨大影响。本文从介绍人类世时代概念和特征出发，指出城市作为人类社会发展的高级阶段，全球气候变化影响与城市快速发展两者叠加，在全球人口持续增加、城市自身发展日趋复杂等不可逆过程驱动下，城市面临的灾害风险将日趋复杂化、综合化和多样化。应用（作者研究团队提出的）ISEET 系统分析框架，本文从综合风险防范角度，围绕城市系统的复杂性、信息通信技术快速发展和气象信息服务产业发展等维度，指出城市适应气候变化行动必须既要考虑与城市防灾减灾结合，更应积极融入城市长期可持续发展。

一　人类世时代背景

地球科学是一门全球性的观测科学，而全球观测网的建立则开始

* 叶谦，任职于北京师范大学地表过程与资源生态国家重点实验室珠海基地，邮箱：qianye@bnu.edu.cn。

于 60 年前的国际地球物理年。此后，经过全球科学家对全球观测数据共同合作分析和研究，在 1987 年提出了“地球系统科学”概念，将研究地球五大圈层（岩石圈、地圈、水圈、生物圈、大气圈）的相互割裂的各个学科（气象学、海洋学、地理学、地质学等）最终统一起来。

大气化学家、诺贝尔奖获得者保罗·约瑟夫·克鲁岑和他的团队对冰川冰芯中 CO_2 和 CH_4 等温室气体进行分析，指出这些常见的温室气体从 18 世纪末工业革命开始后呈现出指数型上升，随后，这种指数型增长现象也在许多自然生态要素和各种社会经济系统指标中被发现。有鉴于人类活动对地球自然生态系统已产生的全球性影响，2000 年，克鲁岑首次使用“人类世”一词，用以强调人类的行为已经足以与地球自然演变驱动力相比拟，已经并将影响地球今后演化的进程。

2019 年国际科学界最终对人类世概念达成共识，即确认地球目前已经进入新的地质时代，并向全球决策者们发出了人类社会已经进入人类世时代的预警。虽然科学界目前对人类世的认识还刚刚起步，但归纳目前所发表的相关文献，可以初步给出人类世时代三个主要特征。其一，大加速。主要是从地球自然系统的物理、化学特性和社会经济系统主要发展指标随时间变化趋势看，工业革命之后地球和人类社会演变趋势呈指数型上升。其二，复杂性和互连性剧增。随着科学认识的深入和技术的快速发展，现代社会生态系统的复杂性剧增。这种复杂性不仅仅体现在系统要素的增多，还体现在多学科、多部门、多领域、多行业之间的关系在全球尺度上互连性的增加。其三，不可逆过程在许多领域已经发生。尤以生物多样性丧失、人口大幅度快速增长以及高速发展的城市化等为典型代表。

进入 21 世纪以来，科学界对可能发生的源于地球自然系统和社会经济系统的全球系统性风险加快了分析研究（国际科学理事会未来地球计划，2020）。遗憾的是，包括目前正在发生的 COVID-19 全球性疫情灾难，虽然已经在科学家的风险雷达屏幕上有所预示，却不但没有阻止它的发生，更缺乏发生后相应的应对手段。这也验证了联合国减灾署（UNDRR）在《2019年全球风险评估》报告所强调的:（全球）风险是系统性的，危机是级联的，灾难正在迅速引发更多的灾难，变得更加复杂和致命。

二　城市与城市化所面临的灾害风险

在人类发展历史进程中，城市从早期人类躲避自然灾害和人为灾害的避难所，逐渐演化为一个国家甚至一个地区创造、传承和延续人类文明的政治、文化、经济以及科学技术的中心。城市人口空间上的相对高密度聚集，为人与人之间进行高强度的交流提供了有利条件，促进了科技和艺术的创新与发明。

联合国将现代城市的功能总结为以下四个方面。

（1）城市是一个地区、一个国家，乃至世界的经济、贸易和交通增长的发动机。城市通过提供高密度和高效的分工服务，以及高质量的交通、通信、电力等基础设施，所产生的规模化、集聚化和本地化效应，驱动着地区和全球经济的发展。

（2）城市是社会变革的发源地，也是促进和加强社会公平的领导者。城市不仅为居民提供更多的商品和服务的选择，更是在思想上为社会、文化、经济、技术乃至政治上的变化和进步提供了环境。

（3）城市是知识创新和专业化生产与服务的中心。城市促进创造性思维和创新。密集的工作和生活环境，使城市里的人们产生更多的互动和沟通的机会，促进创造性思维，而知识的溢出效应为新思路和新技术产生提供了基本条件。

（4）城市是人类社会可持续发展的核心。随着经济全球化的进一步深入，在信息通信和计算机网络技术的推动下，城市，特别是那些承担着全球和区域政治、经济、科技中心功能的国际大都市，将负有人类文化、社会和环境管理，以及维护本国、本地区乃至世界的经济、社会和政治稳定的责任。

在20世纪的100年间，人类社会越过了城市人口超越农村人口的重要关口。1900年，全球都市人口只有2.2亿，2002年增至30亿，2008年达33亿，城市人口首次突破全球总人口的50%。据联合国预估，大约2/3的世界人口将居住在城市，城市人口到2030年将会超过50亿（见图1）。

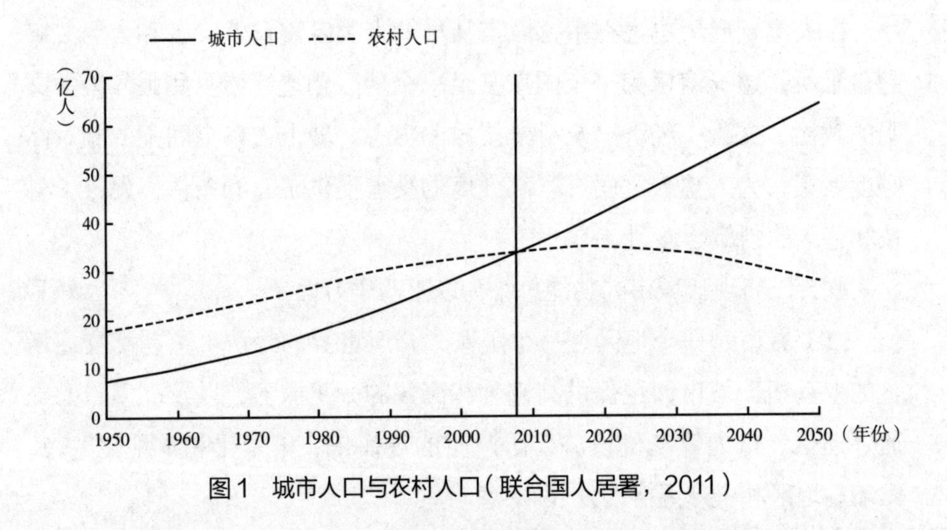

图1　城市人口与农村人口（联合国人居署，2011）

在人类世时代，世界人口指数型增长在相当长一段时间是不可逆的。据估计，2050年全球总人口将达到90亿，而这其中的70%人口将居住在城市（世界银行，2012）。目前，全球已经有超过一半的城市人口，发达国家更是有80%左右的人口生活在城市和大都市地区。

从全球范围来看，传统城市快速发展不外乎以下七个原因：经济（包括矿产、制造业、商贸、交通运输、服务业）、政治、宗教、教育、娱乐、健康和休闲。而工业化革命以来，以英美为代表的发达国家绝大部分现代城市的出现和发展，主要是与大工业生产的发展紧密交织在一起的，越来越多的劳动力和资本被不断新生的行业和机遇吸附、聚集到一起。在以化石燃料为基础的经济发展模式中，城市更是以消耗全球大部分自然资源为代价，使其经济产出占全球 GDP 的比例不断增加。

经过工业化革命 200 年来的建设发展，现代城市已经从初期相对简单功能的集合体，发展成为由不同类型、不同范围、不同层次子系统所组成的复杂系统（见图 2）。随着城市自身发展日趋复杂，城市在一个国家社会经济发展过程中的地位不断提高，城市作为一个完全由人类掌控的综合体，已经主导着人与地球自然生态系统相互影响、相互作用的过程。

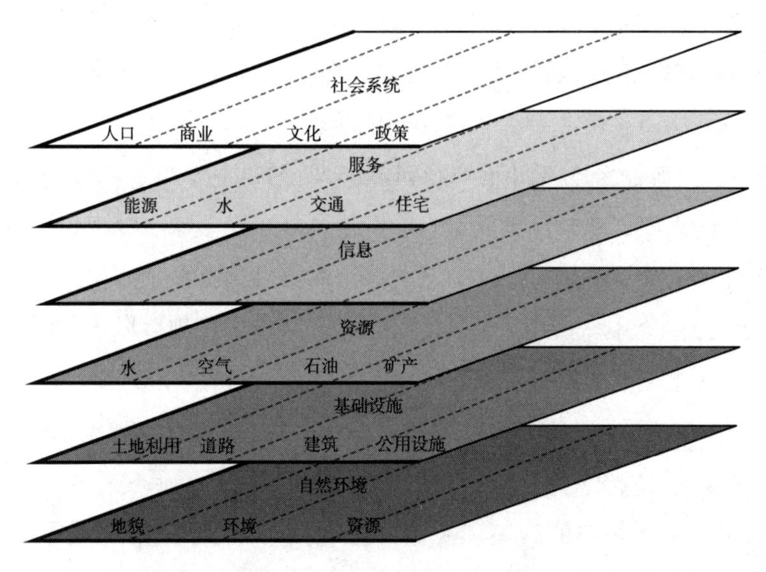

图 2　城市复杂系统的组成（Harrison, 2013）

遗憾的是，在工业化时代，城市的发展和规划更多的是考虑基础设施、生命线工程的建设，以满足人口和财富大量集聚的需要。而在建立城市的文化精神，包括应对灾害风险的理念方面则要滞后得多。虽然各国的现代城市和大都市区荟萃了地区或国家政治、经济和文化的精华，但由于城市的科学发展理念与风险文化准备不足，城市所面临的包括“城市病”在内的社会问题，以及缺乏与自然协调发展所导致的灾害增多及复合叠加导致的综合风险日趋严重。从空间维度来看，城市一方面正在面临本地区自然生态环境恶化所引发的、不断增长的灾害风险；另一方面，为应对和处理许多紧迫的全球环境威胁，包括气候变化、水资源短缺、生物多样性丧失、资源稀缺等都需要考虑与城市问题的关联性（联合国人居署，2011）。

首先，以中国城市为例，1978 年改革开放后，城市化进入迅速推进阶段。由于缺乏科学、合理和前瞻性的人口及产业的空间规划与政策引导，我国城市化具有发展水平非典型、地区发展不平衡、公共服务水平低、基础设施建设难以跟上城市发展等特点（李嘉岩,2003）。目前，以交通拥堵、环境污染、贫困失业、住房紧张、健康危害、城市灾害、安全弱化等为特征的一系列社会和环境问题，在我国不同规模城市，尤其是大和特大城市（群）都有程度不同的表现。

其次，中国大部分城市分布在自然灾害的多发区，70% 以上的大城市、半数以上的人口、75%以上的工农业产值，分布在气象、海洋、洪水、地震等自然灾害严重的地区。60%以上城市的防洪标准低于国家的规定；在 50 万人以上的大中城市中，54%的城市处于地震烈度Ⅶ度以上地区，使得城市中受各类灾害影响所形成的风险逐步提高（陈婧等，2006）。

再次，由于城市系统的复杂性，城市应对包括气候变化在内的综合风险必须以系统科学为基础，针对所面临的问题开展系统分析，并依据分析结果，构建相应的政策和决策综合模拟与评估模型。一方面，我国在各个领域还严重缺乏具备多学科、系统思维能力的相关人员；另一方面，由于长期投入的不足，许多城市没有能力开展相关制度、政策、标准的研究，也缺乏建立相应城市综合灾害风险评价指标体系的技术能力。因此，尽管绝大部分城市已制定了防灾减灾规划，包括部分城市制定了适应气候变化的规划，但在实际实施过程中缺乏综合集成，往往导致规划、设计、实施、监测、评估等各阶段的脱节，无形中又带来了新的风险。

最后，城市规划特别是适应气候变化规划缺乏对人类世时代城市化和高新技术迅猛发展所引发的新型灾害风险的防范。我国城市适应气候变化在风险管理方面的主要注意力仍然集中在对自然灾害、事故灾难、公共卫生、社会安全等传统风险领域进行条条防范的阶段，对由高科技发展带来的新近凸显的风险、新的生物灾害、网络时代的金融风险、全球变化与全球化引发的自然资源与市场安全风险，以及有关国民经济决策如大型工程决策失误等带来的风险关注不足。

总之，城市在人类世时代的地位和作用不断提高，并将在人与地球自然生态系统相互影响、相互作用过程中起到主导作用，而城市系统自身的复杂性以及推动城市发展的创新也带来了包括系统性风险在内的多种新型灾害风险。因此，城市适应气候变化行动必须将风险防范与城市可持续发展建设融合在一起，在为当前城市安全提供保障的同时，也为城市未来发展提供新的机遇。

三　城市适应气候变化与综合灾害风险防范的融合

世界气象组织的统计发现，全球 90% 的自然灾害、70% 的伤亡人数、75% 的经济损失都是由水文气象灾害引起的。从全球范围看，随着全球气候变化的影响日渐明显，由其引发的各类自然灾害无论在发生频率、强度还是影响范围上都将会出现显著变化（IPCC, 2012）。城市的人口和物质资产集聚程度高，在全球气候变化背景下，城市地区特别是发展中国家的城市所受灾害风险将会明显上升。因此，如何将城市适应气候变化行动与风险防范和可持续发展融合在一起，为城市防范灾害、保障安全提供刚性保证的同时，也为城市未来发展提供相应的韧性规划，是人类世时代推进城市适应气候变化行动所必须高度关注的热点。

在人类世时代，城市适应气候变化与综合灾害风险防范的融合面临着以下几个方面的挑战。

首先，在应对城市灾害风险时，需要必要的信息数据，特别是定量化的灾害信息和相关指标，以建立相关的灾害风险模型，对灾害风险及其影响进行模拟评估。但是，由于城市社会和经济发展日新月异，不但组成城市系统的要素在不断变化，它们之间的相互作用关系更是多变。这使得许多社会生态系统要素，特别是社会要素难以定量测量。缺乏定量化的科学观测数据，就难以建立相应的政策模拟和评估模型，因此，对于政策实施的可能效果也无法进行科学评估。

其次，城市系统是典型的复杂非线性系统。从硬件设施而言，城市功能和布局往往呈现强时空非均匀性和强不对称性。例如，城市功能区划分使得各区所面临的风险大相径庭。如北京按照金融区、商务区、学院区、高新技术开发区等功能规划建设，各功能区的人口、产业、资源禀赋各有差异，应对风险的基础设施、预期能力、风险管理也有所不同。同时，行业经营方式特别是服务行业的经营方式不断变化，如各种服务的连锁化，以及城市居民特别是所谓“新人类”的年轻一代，在生活和工作中大量使用高科技产品，从根本上改变了旧的生活和工作方式，也给辨识和评估风险因素带来了困难。

最后，在信息技术的支持下，许多城市正在逐步实现各个环节上的动态监测，包括能源、水、交通、物流等方面的全面监控。但是，城市各个子系统之间协同和竞争关系同时存在，特别是城市具备非常强的自组织、自学习、自适应能力，在其发展过程中，许多子系统从形态到功能都在不断变化。因此，将某些子系统的变化及时反映到其他子系统，形成协同行动，就要求城市适应气候变化规划和行动必须对这些快速变化具备足够的弹性空间和应对能力。

城市适应气候变化与综合灾害风险防范的融合在面临以上新挑战的同时，两者之间的融合也可以为城市可持续发展带来新的机遇。

从制度和机制层面上看，由于两者的融合必须建立在为可持续发展目标服务的基础上，因此，这就为城市管理各个部门信息共享和协同行动提供了将适应气候变化长期规划与应对各种灾害风险（包括应急与平时防范）相结合的工作基础和实际需求。应通过制度设计、防范风险标准体系的建立，以及根据不同情景（时空尺度不同、成因机制不同、承灾体脆弱性与恢复性差别突出等）下的城市灾害风险模拟及高风险区划分等工作促进城市的刚韧性（Resilience）建设。

从经济层面上看，城市适应气候变化与防范灾害风险对信息服务、保险金融等行业有巨大的需求。城市适应气候变化与综合灾害风险防范融合过程需要从学科交叉的角度展开，只有全社会各利益相关者，包括政府、企业、科学界、社会公众、媒体等相互沟通与合作，才能共同防范城市灾害风险，因此，这将催生能够准确传达灾害风险信息、为社会提供服务的新型信息产业队伍。而将保险机制引入适应气候变化和防范风险，也可以一方面为政府减少灾害风险对财政的冲击，另一方面，可以帮助企业辨识、监测、预警和缓解时空尺度不同、成因机制各异的灾害风险。

四　小结

城市是人类社会发展的高级阶段。工业革命以来，我们所赖以生存的地球系统已经进入了一个新的地质时期——人类世。随着全球人口持续增加，城市自身发展日趋复杂，在自20世纪90年代以来的信息通信技术高速发展等不可逆过程的驱动下，城市在未来数十年发展过程中，将面临全球气候变化影响与城市快速发展两者叠加，城市灾害风险日趋复杂化、综合化和多样化的趋势。城市适应气候变化急需在可持续发展目标指导下与城市灾害风险综合防范融为一体。

本文提出，在人类世时代开展城市适应气候变化规划与行动应以系统科学的理论、方法和模型为基础，针对所面临的新型风险，联合多学科的科学工作者，通过与全社会利益相关者的沟通合作，从制度、经济、社会、生态和技术五个方面（ISEET）分析构建城市系统的核心要素；遵从协同设计、共同生产、共同提交“3Co原则”（Co-design, Co-produce and Co-deliver），通过多行业、多领域和多部门的交流梳理要素之间的关系，并利用系统科学建立相应的政策和决策模拟模型，帮助城市政策制定者和企业决策者提高决策能力，使城市在适应气候变化中不断提高自身的刚韧性。

参考文献

Harrison, Collins: Urban Development Challenges for GSS, GSS Workshop on:Territorial vs Functional Patterns. Arizona State University, Tempe, USA, February 2013.

IPCC: Summary for Policymakers. In: Managing the Risks of Extreme Events and Disasters to Advance Climate Change Adaptation [Field, C.B., V. Barros, T.F. Stocker, D. Qin, D.J. Dokken, K.L. Ebi, M.D. Mastrandrea,K.J. Mach, G.-K. Plattner, S.K. Allen, M. Tignor, and P.M. Midgley (eds.)]. A Special Report of Working Groups Ⅰ and Ⅱ of the Intergovernmental Panel on Climate Change. Cambridge University Press, Cambridge, UK, and New York, NY, USA, 2012, pp. 1-19.

Sen, Amartya: Poverty and Famines: An Essay on Entitlement and Deprivation. Oxford: Clarendon Press, 1981.

Shi, Peijun, Carlo Jaeger and Qian Ye: Integrated Risk Governance Science Plan and Case Studies of Large-scale Disasters. Springer, 2013.

〔美〕爱德华·格莱泽:《城市的胜利》，刘润泉译，上海社会科学院出版社，2012。

陈婧、刘婧、王志强、杜鹃、何飞、史培军:《中国城市综合灾害风险管理现状与对策》,《自然灾害学报》2006 年第 6 期。

李嘉岩:《 我国城市化发展的历史、现状与未来》,《当代中国史研究》2003 年第 5 期。

联合国人居署：The Economic Role of Cities，The Global Urban Economic Dialogue Series、United Nations Human Settlements Programme，Nairobi, 2011。

中国科学院可持续发展战略研究组:《2012 中国可持续发展战略报告——全球视野下的中国可持续发展》，科学出版社，2016。

Ⅱ　基于气候变化脆弱性的适应规划：一个福利经济学分析*

气候变化是典型的具有复杂性、长期性和外部性的全球环境问题。气候变化的福利影响及其成本效益评估是适应气候变化的决策基础。本文基于气候变化科学的基本概念和福利经济学理论，构建了柏格森－萨缪尔森社会福利函数，评估了气候变化背景下的社会经济脆弱性与经济福利风险，提出了适用于中国国情的适应规划路径。首先，基于社会福利核心要素的气候变化脆弱性评估结果表明，气候敏感性是影响中国不同地区福利水平和脆弱性的重要因子。其次，依据气候敏感性与适应能力将中国 30 多个省份划分为三类适应区：发展型适应优先区、增量型适应优先区、发展型与增量型适应并重地区。最后，采用地区加权方法测算了中国 2016~2030 年 RCP 8.5 气候变化情景下的气候灾害经济损失及福利风险①，提出依据能力原则、需求原则或最脆弱地区优先原则分别由地方政府、部门或中央主导的适应规划设计。

---

* 作者：郑艳、潘家华、谢欣露，中国社会科学院城市发展与环境研究所；周亚敏，中国社会科学院亚太与全球战略研究院；刘昌义，中国气象局国家气候中心。本文原载于《经济研究》2016 年第 2 期。

① RCP8.5 为高浓度排放情景，约对应预测期间 2℃以上的升温幅度。干旱、洪涝危险度指数是对最高气温、高温持续日数、降水频率、降水极端值等多个气象指数进行省域空间插值和归一化计算。该数据由国家气候中心董思言博士和徐影研究员提供并计算。气候变化致灾危险度计算公式为：$(H^{T}_{drought}+H^{T}_{flood})/(H^{0}_{drought}+H^{0}_{flood})$。意为预测期（T）与基准期（0）相比，干旱和洪涝两种气候灾害危险的增加速率。

一 引言

作为最具复杂性、长期性及外部性最大的全球环境问题，气候变化研究从一开始就无法忽略公平、价值和福利等伦理学议题，气候变化经济学的发展也离不开对科学、政治与伦理因素的综合考量(Dietz et al.,2009；IPCC, 2012、2014)。联合国气候变化专门委员会（IPCC）第五次科学评估报告指出，过去130年来人类活动引发全球升温0.85℃，21世纪末全球平均升温幅度将达到1.5℃以上，未来全球变暖趋势加剧很可能对人类和生态系统造成严重、普遍和不可逆转的影响（IPCC,2014）[①]。《联合国气候变化框架公约》(UNFCCC，以下简称气候公约）成立的宗旨是"防范人类活动可能对气候系统造成的不可逆危险"，2015年12月第21次缔约方大会通过的《巴黎协定》，将全球平均升温2℃作为气候变化的危险水平并确立全球行动目标。近年来，减小灾害风险、适应气候变化的经济学分析正在取代减排经济学成为新的气候变化经济学研究热点（Vale，2016）。

气候变化对社会福利的经济影响及其成本效益评估一直是气候变化经济学关注的核心问题。气候变化的经济成本既包括气候灾害导致的直接和间接经济损失，也包括减排成本[②]和适应的投资成本[③]（Handmer et al., 2012）。气候变化及其政策设计会改变资源再分配，导致收入和福利效应变化。升温幅度越大，气候变化导致的损失和行动成本越高，其中遭受不利影响最大的是发展中国家和贫困群体（IPCC,2012、2014）。据估算，在全球升温1℃~4℃的不同情景下，气候变化的总成本和风险相

① IPCC报告中提到的气候变化包括气候系统的自然变率与人类活动导致的气候变化。气候公约提到的"气候变化"及其减缓和适应行动，主要是指"人类活动引发的气候变化"。

② Callaway（2004）指出需要权衡不同国家和地区实施减排与适应行动的成本和收益。当全球适应成本 = 全球减排成本，且地方边际适应成本 = 全球边际减排成本时，各国适应行动达到最优点。

③ Tol et al. (2004) 提到早期研究中的气候变化成本估算只有7%~24%是适应投入。这与文献对适应成本的界定有关，或反映了早期各国缺乏适应规划的情况。

当于全球每年损失 1%~5% 的 GDP（Nordhaus，2013）。世界银行《适应气候变化的经济学》报告测算，2010~2050 年全球发展中国家适应气候变化的总成本为 700 亿 ~1000 亿美元（Narain et al.,2011）。Stern 的《气候变化经济学评估报告》建议各国政府每年花费 1% 的 GDP 用于适应行动（Stern,2007）。

目前，气候变化的影响评估大多针对发达国家和部门层面（Nordhaus, 2013），就气候变化对发展中国家的经济影响及其福利分配效应的研究尚且不足。行为经济学发现，相比收入效应而言，人们具有更大的风险厌恶、不公平厌恶及损失厌恶，这使得气候变化决策中受益者对受损者、当代对后代的补偿更加困难（Gowdy,2008）。气候变化的福利经济学分析建议通过地区公平加权赋予贫穷国家和地区更大的福利份额（Botzen et al.,2014），并采用最脆弱地区优先原则来分配有限的国际适应资金（郑艳、梁帆，2011）。研究表明，人力资本（健康、教育水平）、物质资本（提供衣、食、住、行的基础设施）、自然资本（气候条件、水资源、生态系统服务、土地资源等）等既是影响国家福利的重要因素（Vemuri and Costanza, 2006），也是容易遭受气候变化不利影响的主要领域（Handmer et al., 2012）。然而，由于缺乏真实市场定价，许多非经济福利要素难以货币化，不同地区和群体的收入差异也使得效用难以加总（Botzen et al., 2014）。对此，气候变化脆弱性评估成为补充和替代影响评估的重要决策方法（Patt et al.,2011）。

中国是气候变化影响的热点区域之一。1990~2014 年，中国气象灾害导致的直接经济损失相当于 GDP 的 1%（以下简称直接经济损失率），远超过发达国家（如美国为 0.55%）和全球平均水平（约为 0.2%）（李修仓等,2015）[①]。一些学者和国际机构对中国的气候变化影响和适应成本进行了经济评估。Ruiz Estrada(2013) 将气候变化升温率、脆弱度和自然灾害影响规模等指标引入宏观经济评估模型，以 1931 年和 2010 年发生在南方

① “气象灾害”包括各类天气和气候灾害及其引发的次生灾害。本文中“气候灾害”等同于“气象灾害”。

地区的两次洪灾为例，发现气候变化对中国具有显著的经济影响。刘杰等（2012）基于柯布－道格拉斯生产函数构建了气候经济模型，指出极端高温、低温、强降水和干旱等气候因子对我国农业经济产出的区域差异存在显著的长期影响。罗慧等（2010）采用计量经济分析和面板数据模型，发现 1984~2006 年中国 GDP 总值对气象条件变化的边际影响约为 12.36%，各省经济产出的气候敏感性表现为北部大于南部、西部大于东部。亚洲开发银行发布的《东亚气候变化经济学报告》测算出 2010~2050 年中国需用于基础设施（如道路、交通、供排水、电力和通信、建筑等）气候防护的适应成本约为 30 亿 ~440 亿美元 / 年（Westphal et al.,2013）。

适应气候变化规划（以下简称适应规划）是为了应对未来潜在的气候变化风险而采取的有计划的、系统的、前瞻性的适应政策和行动。考虑到气候风险及适应行动的地方化特点，政府主导的适应行动应当明确不同层级政府之间的责任划分，侧重于研究支持、信息分享、规章立法、机制设计和公共投资决策等方面 (Hallegatte et al.,2011)。由于政治体制和决策过程的差异，适应规划主要有两类治理模式，一是自上而下经由国家适应战略推动地方层面的实施，二是地方政府和社会各界自下而上的自发行动。张雪艳等（2015）评估了 2008~2012 年中国出台的 8 项部门适应规划，指出其中对气候变化的情景设计和不确定性考虑不足，忽视对未来风险及非气候因素的评估①，使得适应行动缺乏坚实的科学基础。

基于中国国情，适应气候变化，是中国生态文明建设和经济社会发展规划的基本要求。党的十八大报告明确提出应对全球气候变化，构建科学合理的城市化格局、农业发展格局、生态安全格局（胡锦涛，2012）。中国经济发展的“四大板块”（东部、中部、西部和东北）和“三个支撑带”（“一带一路”、长江经济带、京津冀）战略组合（李克强，2015），为适应规划的宏观布局提供了战略指南。2013 年 11 月发布的《国家适应气候变化战略》将全国重点区域划分为城市化、农业发展和生态安

① 包括与气候变化的影响和适应能力密切相关的人力资源、资金、社会资本、自然资源和实物资本等（Preston et al., 2011）。

全三类适应区，要求尽快推进适应规划工作。2014 年 9 月，国家发展和改革委发布了我国第一部应对气候变化中长期规划《国家应对气候变化规划(2014−2020 年)》。2015 年 6 月，中国政府向气候公约组织提交了《强化应对气候变化行动——中国国家自主贡献》。这些进展不但体现了中国切实履行气候公约的大国责任意识，而且成为推进我国生态文明建设、绿色低碳发展和经济结构转型的有利契机。

与减缓气候变化相比，适应气候变化是更加迫切的现实挑战。推进我国的适应规划亟须解决以下主要问题：(1)评估气候变化对各种社会福利要素的影响及其适应能力；(2)量化测算未来潜在的福利风险(包括总量和地区分布特征)[①]；(3)如何界定国家、地方和部门的适应职责，促进公平有效的适应行动。本文第一部分旨在为上述问题提供一个科学可行的理论和分析思路；第二部分介绍了基本概念和分析框架；第三部分是中国分省区的气候变化脆弱性评估；第四部分提出适应规划的三类典型地区；第五部分基于中国未来气候变化和经济发展情景，测算了不同地区的灾害经济损失及地区公平加权的福利风险，提出了适应规划的三种治理路径设计。

二 构建社会福利函数分析框架

(一)经济福利及其风险评估

经济福利是对社会福利要素的货币化度量，收入和经济产出(如 GDP)是最常用的衡量经济福利的核心指标。气候变化对经济福利既有不利影响也有正面效应。气候变化的福利影响及其成本和效益评估是开展适应规划的科学依据，然而困难在于如何界定影响范围和适应边界，以及如何估算适应的成本和收益(Callaway, 2004；IPCC,2014)。图 1 表

① Hanley and Tinch(2004)认为尽管对气候变化的成本效益进行评估存在不少难点，但是政府需要量化的评估结果以便于制定决策。Tol et al.(2004) 认为经济影响评估虽然存在争议，但仍是分析公平议题的有效选择。

明，适应气候变化存在极限或边界，如风险阈值或制度文化和技术等制约因素将导致不可避免的残余损失（灾害统计中常用直接经济损失表示）。适应规划的目的就是通过成本效益分析找到最优适应水平（边际适应成本 = 边际适应收益）的点 A，但是这一理想假设在现实中很难实现，实际的适应水平通常位于次优适应点 B（IPCC, 2014）。

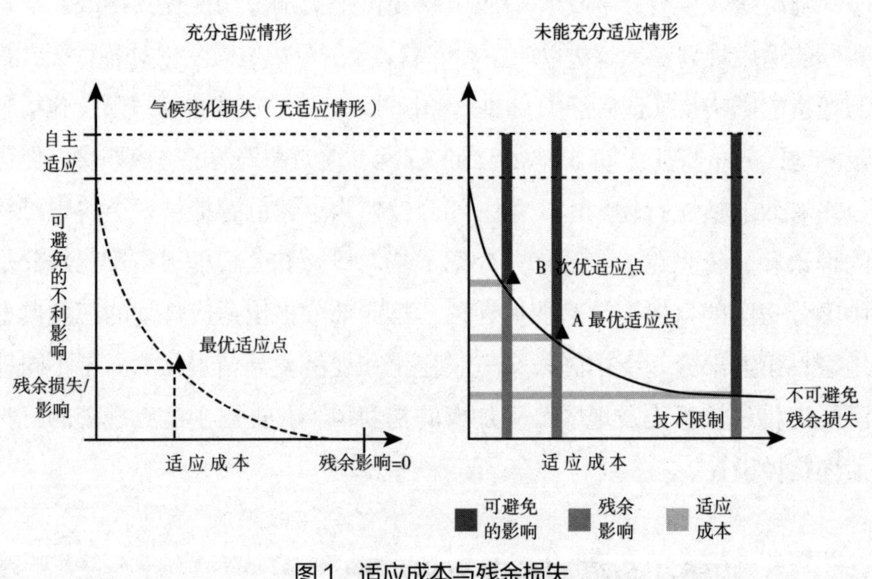

图 1 适应成本与残余损失

气候变化风险是指气候变化对自然系统和社会经济系统可能造成的潜在不利影响，主要体现为气候变化引发的极端天气 / 气候事件[①]（如高温、强降雨、台风等）和长期气候变率变化（如干旱化、持续升温、冰川融化和海平面上升等）。IPCC（2012、2014）提出基于气候风险评估的适应决策框架，将风险（Risk）表述为某种不利后果的发生概率，或以下 3 个核心要素的函数：①危险性（Hazard），即致灾危险度，如极端天气 / 气候事件的发生频率和强度；②暴露度（Exposure），即暴露在危险

① 指超过某种临界值的、远离气候平均态的异常事件（秦大河，2015）。

中的人口、基础设施和社会财富；③脆弱性（Vulnerability）[①]，是系统暴露于某种危险之下表现出的敏感性或易损性，及自身应对、抵御和恢复能力等内在特质。公式如下：

风险（R）= 影响 (I) × 概率 (P) （1）

风险（R）= f { 危险性 (H)；暴露度 (E)；脆弱性 (V) } （2）

影响（I）= f { 暴露度 (E)；敏感性 (S) } （3）

脆弱性（V）= f { 敏感性 (S) ；适应能力 (A) } （4）

（二）气候变化背景下的中国社会福利函数

气候变化对经典的福利经济学提出了理论与实践层面的挑战，主要难点是对风险不确定性、风险偏好、时间偏好等关键变量的设定，这些问题往往超出了规范经济学的思考范畴。在公共投资项目或气候政策中，福利加权被引入成本效益分析方法以实现帕累托最优的社会福利目标，其理论基础是“卡尔多 - 希克斯效率原则”[②]（Hanley and Tinch, 2004; Florio,2014）。对气候政策进行成本效益分析的核心是构建社会福利函数，社会福利函数是对一系列个体效用函数的加总。柏格森 - 萨缪尔森社会福利函数（Bergson-Samuelson social welfare function）是气候 - 经济评估模型中最广为采用的基本形式，此外还有功利主义（Utilitarianism）函数、Bernoulli-Nash 函数、罗尔斯最大最小 (Rawlsian Maxmin) 函数等不同形式（Dietz et al.,2009；Botzen et al.,2014）。福利

① 脆弱性概念最早出现在生态学领域。生态学和灾害学强调环境和气候变化因素在脆弱性评估中的重要作用，社会科学领域的研究者认为脆弱性的主要驱动因素是人，强调经济、社会、文化、政治过程对脆弱性的影响（Adger, 2006; Patt et al., 2011）。

② 即“如果 A 的境况由于这种变革而变得如此好，因而他能够补偿 B 的损失而且还有剩余，那么这种变革就是一种……（帕累托）改进”。鉴于该原则对补偿只是一种理想假设，现实中往往很难确定损害主体及补偿份额，因此切实可行的福利分配方案是仅对少数最严重的受害者进行补偿（李特尔，2014）。

函数的结构设计具有较大的不确定性（Weitzman, 2010），选择何种福利函数本质上是一个价值判断和政治考量，例如是否考虑公平因素对于气候变化经济损失的估算结果影响很大（Fankhauser et al.，1997；Tol et al., 2004）[①]。

本文以 IPCC 的风险分析框架为基础，采用柏格森－萨缪尔森社会福利函数构建气候变化背景下的中国社会福利函数[②]。在气候变化背景下，全国总体的社会福利水平取决于各省区的效用水平 U（C）和人口规模 N 等因素。气候变化会影响个体收入和消费水平（C），包括市场产品和服务（如农产品、电力和保险等）及非市场服务（例如气候舒适性、生态系统服务等）。假定各省区都有一个标准消费者[③]，受到地区平均的气候变化净影响，则在 t 时期第 i 个省区的总效用 U_i（C_i）是该省区标准消费者的效用（$\bar{u}_i$）与人口 N_i 的乘积。

各省在特定气候变化情形下的消费效用为：

$$U_i^t = U(C_i^t) = \sum_{i=1}^{n} (\bar{u}_i \cdot N_i) \tag{5}$$

各省由于气候变化导致的效用损失为[④]：

$$\Delta U_i = U(C_i^t) - U(C_i^0) = U(D_i^t) \tag{6}$$

---

① 例如对《斯特恩报告》的赞扬和批评都与其社会福利函数中的公平性假设有关，斯特恩采用了非常低的贴现率，意味着给后代人和当代人的福利赋予同等权重。Nordhaus（2013）批评这一假设明显背离了传统的基于成本效益分析和净现值分析的经济理性原则。

② 参考了 Fankhauser et al. (1997)、Callaway(2004)、Dietz（2011）、Florio（2014）、Botzen et al.（2014）等文献。

③ 在气候－经济模型中经常用一个标准消费个体代表不同代人的效用和福利水平，该假设忽略同代人及地区内的收入分布差异（Botzen et al., 2014）。为便于分析，本文假设存在人口外生、规模不变、效用均质化且消费增长率为正的外生变量。

④ Hallegatte and Przyluski (2010) 指出气候灾害损失评估中，可以将资产和产出损失（如 GDP 的变化）作为衡量消费损失的代理变量，从而推算效用损失函数。

其中 D 为气候变化导致的消费净损失。公式 7 为效用损失函数，A_j 是第 i 省份的 j 种社会福利要素组合，ΔT_i 是指第 i 省份平均升温幅度，$\Delta \bar{T}$ 是全国平均升温幅度，β 是损失函数的变动曲率系数，表示随着升温幅度增加，边际损失以指数形式递增[①]。

$$U(D_i^t)=\sum_{i=1}^{n}\sum_{j=1}^{m}[D_i^t(A_j)]\cdot\left(\frac{\Delta T_i}{\Delta \bar{T}}\right)^{\beta} \tag{7}$$

在气候变化的福利经济学分析中，常设定一个不变相对风险厌恶函数（Constant Relative Risk Aversion, CRRA）来推算个体或地区的风险偏好（Weitzman, 2010），标准形式为：

$$U(C_i^t)=\frac{(C_i^t)^{(1-\eta)}}{1-\eta}\ \eta\neq 1 \text{ 或 } U(C_i^t)=\ln(C_i^t)\ \eta=1 \tag{8}$$

η 为风险厌恶系数，常用边际效用的收入弹性或消费弹性来表示。1-η 为公平加权系数，可反映对于不同地区或群体在收入差距、灾害损失率等方面的容忍程度。η 越大则风险厌恶程度越高，在预防原则下，人们愿意减少当前部分消费用于防范未来风险（刘昌义，2012）。

加总各省效用得到中国的社会福利函数如下：

$$W_t=\sum_{t=0}^{T}\sum_{i=1}^{n}\left[\frac{(C_i^t)^{(1-\eta)}}{(1-\eta)}\right](1+\delta)^{-t} \tag{9}$$

其中 C^t 为特定气候变化情景下的消费水平，可设定 t=0 为没有气候变化（或基准年）的福利水平；$t\geqslant 1$ 为有气候变化（或某预测期）的福利水平。δ 为反映时间偏好的贴现率，即反映代际公平的加权系数。δ 取

① Dietz（2011）指出，指数函数形式能够较好地拟合灾害损失曲线因而被广为采用。

值反映当代人和后代人的风险分担，δ越大意味着对现期或当代人的时间赋值越大，反之则对未来赋值越大。$\delta=0$ 意味着后代人与当代人在遭受同等大小的风险时，其经济损失现值也是相等的。

中国由于气候变化导致的（或预测期相比基准期）总福利风险为：

$$\Delta W = W^{t} - W^{0} \tag{10}$$

可见，气候变化导致的福利风险表现为对社会财富的一个削减效应。如果某种气候变化情景对某省区越有利（或灾害损失越小），其效用水平越高，则该省区对增进总体社会福利的贡献越大，反之则减小全国总体福利。

三　气候变化脆弱性综合评估

气候变化脆弱性是指暴露在气候变化的影响之下时，社会经济系统所具有的易损性、敏感性及适应性等内在特质。对中国不同省区的气候变化脆弱性进行评估包括以下三个步骤：第一步，构建评估指标体系。将一级评估指标界定为物质资本、经济资本、自然资本、人力资本、社会资本等五类福利要素；对每个维度的一级指标，区分气候敏感性、适应能力两个二级指标（见表1）。第二步，确定指标权重。采用因子分析方法（Factor Analysis）分析各二级指标的主要因子（驱动因素）及其权重。第三步，计算综合脆弱性指数（综合脆弱度）。计算因子得分，经过归一化加总得到各省区气候变化脆弱性的综合指数并进行排序，最后绘制出脆弱性区划图。

（一）指标设计与数据搜集

为了与我国的五年规划相匹配，选择 2006~2010 年（“十一五”规划期）作为气候变化脆弱性评估的基准期。数据主要来自《中国统计年鉴》《中国民政统计年鉴》。

表 1 气候变化脆弱性指标体系设计

一级指标	指标性质	二级指标*	指标属性**
物质资本	气候敏感性	气候安全指数（气候灾害经济损失／土地面积）	+
	适应能力	气候防护能力指数（适应投入占财政支出比重）	−
经济资本	气候敏感性	经济敏感性指数（气候灾害直接经济损失率） 气候敏感行业指数（农业占地区 GDP 比重）	+ +
	适应能力	经济适应性指数（人均 GDP）	−
自然资本	气候敏感性	水资源安全指数（人均用水量／人均水资源）	+
	适应能力	自然资源禀赋指数（森林覆盖率）	−
人力资本	气候敏感性	人口脆弱性指数（脆弱人口比重***） 灾害敏感性指数（受灾人口比重） 生计脆弱性指数（家庭抚养比）	+ + +
	适应能力	人口教育指数（文盲率） 人口健康指数（地区预期寿命） 公共卫生适应能力指数（千人医师数）	+ − −
社会资本	气候敏感性	社会公平指数（城乡收入比）****	+
	适应能力	环境风险治理能力指数（环境事件数量／人均 GDP）	+

* 此表选取的二级指标是根据文献、专家评估和因子分析多个循环步骤得出的结果。经过比较筛选，改进指标设计，权衡数据可得性、因子分析效度、理论与政策含义等多方面要求，最后选取了一组共计 15 个指标（参见括号内指标）。

** 指标属性即各指标的取值符号，“+”意味着该指标对综合脆弱度的贡献为正向，即越大的值表示对综合脆弱度的贡献越大。“−”表示贡献为负向，表示该指标越大则脆弱性越小。

*** 脆弱人口比重指 16 岁以下及 65 岁以上人口占总人口的比重。

**** 本文先后选取了社会保障覆盖率、城乡收入比、低保人口比重等变量以衡量“社会公平指数”，进入最终模型的是“城乡收入比”指标。

表 1 中采用了一些复合性指标，例如：

气候防护能力指数：《国家适应气候变化战略》中的重点适应领域包括基础设施、农业、水资源、海岸带及相关海域、森林和其他生态系统、人体健康、旅游业及其他产业等。这里将“适应投入”界定为“环境保护、医疗卫生、农林水利、国土气象等领域的公共支出”，将不同省份气

候防护能力 (CP_i) 界定为其适应投入 (AI_i) 占地区财政支出 (F_i) 的比重（5 年平均值）。公式如下：

$$CP_i = Avg\{AI_i/F_i\}\cdot 100\% \quad (11)$$

经济敏感性指数：自然灾害的经济损失统计是国际上普遍采用的衡量灾害风险敏感性的重要指标。从《中国民政统计年鉴》中的分省区自然灾害统计数据中剔除地震得到各省气候灾害（旱灾、风暴、台风、低温 / 冷冻 / 雪灾、洪涝 / 滑坡 / 泥石流等）损失（$Loss_i$），计算得到“气候灾害直接经济损失率”（$Lossrate_i$）（5 年平均值）。公式如下：

$$Lossrate_i = Avg\{Loss_i / GDP_i\}\cdot 100\% \quad (12)$$

（二）评估结果及分析

在气候变化脆弱性评估中，脆弱性指标是可观测指标（显变量），公共因子表明脆弱性指标背后共同的驱动因素（潜变量）。因子分析的目的是通过观测值，寻找影响脆弱性的潜在驱动因素，统计模型如下[①]：

$$X_i = \alpha_{i1} f_1 + \alpha_{i2} f_2 + \cdots + \alpha_{ik} f_k + E_i \qquad k<n\ (i = 1,2,\cdots,n) \quad (13)$$

---

① 评估步骤：①数据预处理。将各指标归一化，使得各指标的脆弱性方向保持一致，即指标值越大越脆弱。②利用统计软件 SPSS16 进行因子分析，得到各公共因子的方差贡献率并计算因子权重。标准化公式为：

$$X_{ij}= \frac{X_{ij}-\min X_j}{\max X_j-\min X_j};\ X_{ij}= \frac{\max X_j-X_{ij}}{\max X_j-\min X_j}\ (i=1,2,\cdots,m;\ j= 1, 2, \cdots,n),$$

其中，Max 和 Min 分别表示取某指标的最大值和最小值，m=31,n=15）。

其中，X_i (i=1,2,⋯,n) 为 n 个原始指标，f_j（j=1,2,⋯,k）为 k 个公共因子，E_i 为第 i 个指标的差异因子。α_{ij} 为第 i 个指标 X_i 在第 j 个公共因子 f_j 上的载荷系数，反映原始指标与公共因子的相关程度。结果见表 2。

表 2　中国分省区气候变化脆弱性评估结果

指标	主成分因子（权重）*				
	气候敏感性因子 (0.36)	人口脆弱性因子 (0.22)	社会发展因子 (0.18)	环境治理能力因子 (0.12)	生态脆弱性因子 (0.12)
受灾人口比重	0.924	0.087	−0.026	0.264	−0.058
气候灾害直接经济损失率	0.722	0.103	0.284	−0.101	−0.129
农业占地区 GDP 比重	0.667	0.439	−0.041	−0.23	−0.149
适应投入占财政支出比重	0.833	0.203	0.279	−0.256	0.081
人均 GDP	0.791	0.458	0.195	−0.100	−0.160
千人医师数	0.623	0.547	0.086	−0.012	−0.204
家庭抚养比	0.181	0.935	0.132	0.049	−0.06
脆弱人口比重	0.472	0.801	0.267	−0.013	−0.029
文盲率	0.156	0.175	0.819	0.082	−0.032
地区预期寿命	0.602	0.276	0.641	−0.277	−0.077
城乡收入比	0.494	0.448	0.548	−0.072	−0.016
环境事件数量 / 人均 GDP	−0.113	0.040	0.076	0.890	0.106
气候灾害经济损失 / 土地面积	−0.010	−0.070	−0.572	0.607	−0.196
人均用水量 / 人均水资源	−0.191	0.006	−0.128	−0.026	0.929
森林覆盖率	0.002	−0.320	0.484	0.142	0.647

*　因子分析的 KMO 值为 0.76，Bartlett 球形检验显著，说明该指标体系适合做因子分析。表 2 中的 5 个公共因子可解释总体方差的 82.4%。

将气候变化脆弱性指数分为五个等级，结果表明，脆弱性最高（综合脆弱度 =5）的前 3 个省份为甘肃、宁夏、贵州，脆弱性最低（综

合脆弱度 =1）的前 3 个省份为北京、天津、上海。从地区分布来看，表现为自东向西综合脆弱度逐渐增大，即发展水平更高的地区其适应能力也相对更高、气候敏感性相对更低。从不同省份差异来看，西部省份的适应能力指标普遍低于中东部省份。分析各福利要素与脆弱性的关联可知：①气候敏感性因子贡献率超过 1/3，受影响最大的是经济资本、物质资本和人力资本要素。②各省区的适应能力主要受到经济能力、人力资本质量与社会基础设施等因素的驱动，因此加强对西部地区的人力资本和基础设施投入有助于减小脆弱性[①]。③生态资源禀赋、环境治理能力对气候变化脆弱性的贡献率均占到 12%，其表现具有地区差异。

四　基于气候变化脆弱性的适应区划

中国不同地区间存在较大的发展差距，导致中国兼具“发展赤字”和“适应赤字”，既面临着巨大的发展型适应需求，也存在相当的增量型适应需求（Pan et al.,2011）[②]。以气候灾害风险为例，传统的防灾减灾领域通过长期的投入和实践，积累了应对常规风险（假设主要由气候自然变化率引发）的各种资本。在气候变化情景下，通常发达地区所需的只是应对新增气候风险的增量适应投入，而欠发达地区由于发展的历史欠账，常规风险投入尚且不足，对于新增风险更无力顾及。假

① 金戈（2012）测算了中国各地区的经济基础设施资本存量，发现地区间人均基础设施资本存量与人均 GDP 具有显著的相关性。王树同和赵振军（2005）指出，中国经济在 20 多年的高速增长中一直伴随较低的经济福利转化，表现为社会发展支出占 GDP 比重多年处于较低水平，经济和社会发展呈现不协调的状态。福祉地理学的一些研究也支持了上述结论。例如，刘小鹏等（2014）指出中国贫困人口的分布具有典型的地理空间特征；刘宝等（2006）考察了中国人群健康的地区差距，指出中国东中部地区人均卫生总费用远远高于西部地区，而西部地区的预期寿命等健康指标显著低于东中部地区。

② 增量型适应（Incremental Adaptation）是在气候变化背景下，在系统现有基础上考虑新增风险所需的增量投入，这种适应所针对的是发展需求基本得到满足，仅仅需要应对新增的气候风险所需的适应活动；发展型适应（Developmental Adaptation）是指发展水平滞后，使得系统应对常规风险的能力和投入不足，需要协同考虑发展需求及新增的气候风险。

设“适应赤字”是指已经解决了发展过程中出现的常规气候风险，但是缺乏应对极端和长期气候变化所致的增量风险的投入，那么“发展赤字”则是面对常规气候风险和气候变化新增风险，都缺乏相应的资源和投入。表 3 描述了增量型适应模式与发展型适应模式的基本特征。

表 3　增量型适应模式与发展型适应模式

适应模式	常规气候风险	气候变化新增风险	总计风险值
增量型适应	损失风险：100 发展投入（DRR）：100 净损失：0	损失风险：30 适应投入（ACC）：0 净损失：30	总风险：130 总投入：100 总净损失：30
	赤字：0	赤字：30	总赤字：30
发展型适应	损失风险：100 发展投入（DRR）：60 净损失：40	损失风险：30 适应投入（ACC）：0 净损失：30	总风险：130 总投入：60 总净损失：70
	赤字：40	赤字：30	总赤字：70
类型	发展赤字	适应赤字	发展赤字 + 适应赤字

注：假设充分适应，残余损失为 0。“赤字”意为风险防护投入的缺口。DRR：Disaster risk reduction；ACC：Adaptation to Climate Change。根据 Pan et al.(2011) 相关内容修改。

为了更加直观，可依据表 1 中的“气候敏感性”和“适应能力”两类指标分别设计综合指数并绘制坐标图（见图 2），将中国 31 个省份划分出三类较为典型的适应规划区[①]。

① 图 2 中，各省市指标值越接近于均值则其得分越接近于 0。首先将各指标值标准化，即（指标值 − 均值）/ 标准差，并依据成分得分系数矩阵计算得到各省市得分。参考聚类分析结果并以 ±0.3 分值为界，划分出以下三类地区：①Ⅰ类（发展型适应优先）地区：甘肃、宁夏、贵州、青海、安徽、云南、西藏、广西、重庆；②Ⅱ类（增量型适应优先）地区：北京、天津、浙江、上海、福建、广东、辽宁、吉林、黑龙江、江苏；③Ⅲ类（发展型与增量型适应并重）地区：江西、海南、湖南、湖北、河南、河北、山东、山西、内蒙古、陕西、四川、新疆。

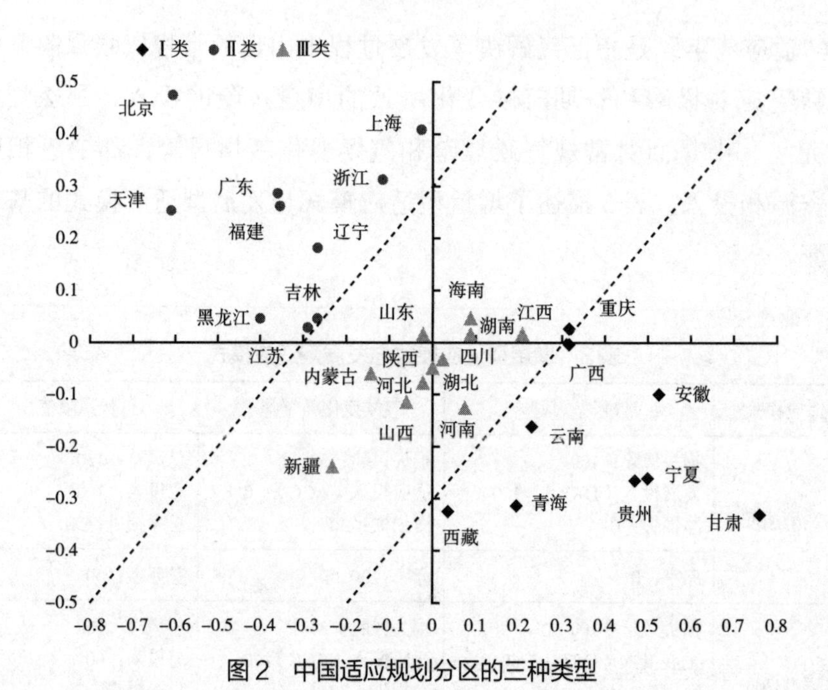

图 2　中国适应规划分区的三种类型

可见，中国各省份的气候敏感性与适应能力具有较大的相关性，表现为大多数省份分布在两个典型区域，即高敏感性 - 低适应性；高适应性 - 低敏感性。这一结果分别类似于 Tol et al.(2004) 按照气候风险归纳的四类国家中的脆弱型和可持续型①。这一方面证明了发展水平与适应能力之间的密切关联，另一方面说明中国各省区的脆弱性与发展水平都受到了气候和地理因素的很大影响，体现了中国具有独特的地理环境和地域发展规律。图 2 中的Ⅰ类省份绝大多数处于西部地区，生态环境敏感，发展基础薄弱，地方政府面临着发展赤字和适应赤字的双重挑战，亟须加强科技、教育、健康、防灾减灾、扶贫、生态保护等发展型适应投入。Ⅱ类省份包括东南沿海的发达城市化地区及东北地

① Tol et al.(2004) 依据气候变化影响的暴露度（农业、水资源、海平面上升和生物多样性）和适应能力（人类发展指数）两个指标，将不同国家按照气候风险分为 4 种类型：①脆弱型：高影响 - 低适应能力，以孟加拉国最为典型；②残余损失型：低影响 - 低适应能力，如非洲纳米比亚；③发展机遇型：高影响 - 高适应能力，以美国为代表；④可持续型：低影响 - 高适应能力，如加拿大、挪威等国。

区，发展基础较好，现状适应能力相对较强，提升适应能力应侧重于增量型适应投入。Ⅲ类省份以中西部地区居多，其中“双高”类型并不突出，“双低”类型以新疆比较典型。对这些居于平均值附近、不进则退的省份而言，应当关注气候变化对资源环境和人口承载力的制约作用，在城市化和工业化提升过程中，应当兼顾发展型与增量型适应投入。

五 中国经济福利风险评估及其政策含义

随着中国防灾减灾投入的增加，气象灾害直接经济损失率从20世纪80年代的年均3%~6%，已下降到本世纪的1%左右，但是地区之间还存在很大差异（李修仓等，2015）。21世纪气候变化将导致中国高温、洪涝和干旱等灾害风险增大，随着中国人口和经济总量的提升，我们需要关注社会经济系统脆弱性特征导致的气候变化灾害的风险放大效应（秦大河，2015）。本文以2006~2010年作为基准期，选取2016~2030年作为预测期，采用地区福利加权方法测算气候灾害导致的中国不同地区的经济损失及福利风险。

（一）测算经济损失及福利风险

采用国家气候中心CMIP5气候情景模式下的RCP 8.5气候变化情景，以干旱、洪涝两种主要气候灾害的发生频率和强度衡量未来气候变化背景下的致灾危险性。以最常用的经济福利指标“地区经济总量”（地区GDP）作为风险暴露度[①]。假定各省区在预测期的气候变化脆弱性与基准期相同，则中国未来可能遭受的经济福利风险即未来预期的以GDP衡量

① 2016~2030年中国分省GDP数据由中国社科院财经院冯永晟副研究员利用时序模型计算得到。其中，全国GDP（各省加总值）增长率的校准参考了中国社科院数技经所李雪松研究员主持的“‘十三五’时期全面建成小康社会的目标及2030年展望”项目数据。本文采用外生性假设，即气候灾害不影响地区GDP增长率。

的经济福利损失。

$$Risk\ (W) = E\ (W) = \sum U\ (GDP) \tag{14}$$

首先，构建气候灾害的社会福利函数。参照 IPCC 风险评估公式（1）和（2）和损失函数（7），确定中国分省区的效用损失函数 $U(D_i^t)$。D_i^t 代表第 i 个省区在 t 预测年的“气候灾害直接经济损失”。公式如下：

$$D_i^t = I_i^t \cdot P_i^T = E_i^t \cdot S_i^T \cdot P_i^T = GDP_i^t \cdot [Lossrate_i^0 \cdot (1+H_i^T \cdot P_i^T \cdot V_i^0)] \tag{15}$$

其中，T 表示整个预测期，I_i^t 为第 i 省在 t 年的气候变化影响，P_i^T 为预测期该气候变化情景下的影响发生概率（此处设定为致灾危险度概率 100%），E_i^t、S_i^T 分别表示该省以经济总量（年度地区生产总值 GDP_i^t）表示的风险暴露度及其对气候灾害的敏感性。H_i^T 为相对于基准期的整个预测期内的平均致灾危险度水平（干旱、洪涝的发生频率和强度）①。“$Lossrate_i$”为第 i 省在基准期的“气候灾害直接经济损失率”。敏感性指数 S_i^T 由各省气候灾害的历史灾损率、未来致灾危险度和现状脆弱性水平三个指标构成，相当于在基准期上增加了一个风险放大系数，即未来气候变化危险性增加将导致未来灾害损失率增大。

其次，将估算出的各省效用损失加总，可得到 2016~2030 年的全国经济福利总损失。考虑到西部地区脆弱性突出，承受风险的能力薄弱，可设定一个地区公平加权系数 Θ，以提升脆弱地区的福利分配权重。以 2014 年全国气象灾害的平均损失率 0.5%（相当于基准期中等脆弱地区的损失率）作为目标水平，依据以下公式测算各省的 θ 和 U（D_i^t）②。

---

① 该气候模式数据基准期为 1986~2005 年。与基准期相比，近期（2016~2035 年）中国高温和洪涝致灾危险度都呈现增大趋势，中远期的高等级风险将进一步增大。

② 参考了 Fankhauser et al.(1997) 和 Weitzman(2010) 的效用函数形式，含义是给灾害损失率更大的高脆弱地区赋予更大的重要性，与标准化公式（8）并无本质差别。

$$U\left(D_i^t\right)=\sum_{t=0}^{T}\sum_{i=1}^{n}D_i^t\cdot\Theta^\eta,\qquad \Theta=\left(\frac{L_i}{\bar{L}}\right)=\frac{Lossrate_i}{0.5}\tag{16}$$

为了反映中国居民对时间的偏好和风险厌恶水平[①]，令时间贴现率 δ 取值 1.5。引入风险厌恶系数 η 对 Θ 进行加权，设定 η=0；1；1.5；2。采用柏格森－萨缪尔森社会福利函数及以下两种福利函数计算地区加权的经济福利风险[②]。

1. 功利主义福利函数：对不同省份的损失赋予同等权重，计算公式为：

$$W^T=\sum_{t=0}^{T}\sum_{i=1}^{n}\left[U\left(D_i^t\right)\cdot\Theta^\eta\right]\cdot\left(1+\delta\right)^{-t}\tag{17}$$

2. 最大化最小福利函数：要求最大化最低收入群体的福利，因此只计算Ⅰ类地区（9 个高脆弱省份 i=1~m）的效用损失。公式为：

$$W^T=Max\left(\sum_{t=0}^{T}U_{Min}\left(D\right)\right)=\sum_{t=0}^{T}\sum_{j=1}^{m}\left[U\left(D_i^t\right)\cdot\Theta^\eta\right]\cdot\left(1+\delta\right)^{-t}\tag{18}$$

结果如表 4 所示。可见，采取不同的地区公平加权，得到的结果差异较大。对高脆弱的欠发达地区（发展型适应优先区）赋予更大的公平加权系数，表明同等规模的直接经济损失，相比发生在低脆弱的发达地区，对该地区的负面影响和效用损失更大，对全国福利风险的贡献比重也更大。

① 研究表明中国居民的纯时间偏好和风险厌恶水平都很高，相关文献估计的中国居民的风险厌恶系数在 3~6，初始贴现率为 6%~8%，远高于发达国家水平（刘昌义等，2015）。鉴于缺乏经验研究支持，本文采用的气候风险厌恶系数参照了国际文献的常用值 1~3，纯时间偏好率采用 Nordhaus（2013）的市场贴现率 1.5%（刘昌义，2012）。

② 参考 Fankhauser et al.(1997)、Florio(2014) 中的福利函数形式及地区福利加权方法。

表 4　地区加权的中国经济福利风险评估结果（2016~2030）

（单位：万亿元 / 年；2010 年不变价）

函数形式	柏格森 – 萨缪尔森社会福利函数	功利主义福利函数		最大化最小福利函数	
地区公平加权系数	η=0	η=1	η=1.5	η=1.5	η=2
Ⅰ类地区：发展型适应优先区	0.61	1.68	3.88	3.88	9.44
Ⅱ类地区：增量型适应优先区	0.31	0.65	1.07	—	—
Ⅲ类地区：发展型与增量型适应并重区	0.64	2.22	4.38	—	—
全国年平均	1.34	4.55	9.32	—	—

由于气候系统具有非线性特征，因此现实中的灾害发生概率和经济损失具有年际波动性。2004~2014 年，中国气象灾害直接经济损失平均每年为 3046 亿元，最低为 2004 年的 1566 亿元，最高为 2010 年的 5098 亿元（李修仓等，2015）。由于数据所限，本文的预测结果更多反映的是地区差异性，因此表 4 采用了地区或全国加总的年平均预测指标。

评估表明，2016~2030 年，假定在各省脆弱性保持不变且无适应投入的前提下，受到各省经济总量增加、气候变化致灾危险度增大的驱动：①未加权情形下（η=0），中国年均气候灾害的直接经济总损失将超过 1.34 万亿元，约为 2004~2014 年的 4.4 倍，其中高脆弱的Ⅰ类地区年平均损失（0.61 万亿元），接近于Ⅲ类地区水平（0.64 万亿元），约 2 倍于发达的Ⅱ类地区预估损失（0.31 万亿元）。②依据最大化最小福利函数（η=1.5）的地区加权测算结果，最脆弱的Ⅰ类地区在未来 15 年间的经济福利风险高达 3.88 万亿元，约为未加权全国平均风险水平的 6.36 倍。可见，不论是否考虑地区加权，未来气候变化对西部脆弱地区都会造成显著的福利损失风险。上述测算结果可以作为估算全社会支付意愿的依据，为适应规划及其资金机制设计提供参考。

（二）减小福利风险的适应规划设计

从适应资金机制的设计出发，可以依据以下几种治理路径和福利公平原则开展适应规划。

1. 由地方政府主导的适应规划（能力原则）

地方政府根据各自的能力和风险紧迫性开展适应规划，决定适应投入的流向和规模。优点是地方政府自主性较大，有助于将适应目标纳入地方中长期发展规划，根据适应需求开展因地制宜的适应行动。对于重大灾害可由中央政府依据“能力原则”在救灾和灾后恢复重建等方面给予不同比例的支持[①]。缺点是欠发达地区能力不足，很难将有限的发展资金用于防范未来风险。

2. 由部门主导的适应规划（需求原则）

依据适应气候变化的重点领域（如农、林、水利、建筑、交通、能源、公共卫生、科技和教育等），通过部门规划提供资金，重点支持高风险地区的气候防护投入。优点是各部门的职责分工比较明确，政策容易下行和落地，有助于加强重点和薄弱环节的适应基础设施投入。部门途径的不足是缺乏宏观和战略层面的协同规划，难以形成合力[②]。

3. 由中央政府主导的适应规划（最脆弱地区优先原则）

目前我国虽然有生态环境部牵头的应对气候变化决策协调机制，但是减排和适应工作仍主要由各个部门按照职责分工、省（区、市）政府自主实施，适应目标还没有真正被纳入国家总体发展规划之中，也缺乏

---

① 财政部和民政部2011年发布的《自然灾害生活救助资金管理暂行办法》对于遭受特大自然灾害的地区，规定由中央财政与地方财政共同负担生活救助资金，分担比例根据各地经济发展水平、财力状况和自然灾害特点等因素确定（中西部地区为中央负担70%，地方负担30%）。此外，我国在减贫、救灾领域采用的“结对帮扶”政策实际上是一种基于“卡尔多－希克斯效率原则”的补偿设计，由能力较强的发达地区定点援助欠发达地区。

② Biesbroek et al.（2010）比较了7个欧洲国家的“国家适应战略”，指出其实施过程中都面临多层级治理和政策整合等现实障碍。Hallegatte et al.（2011）指出不能只从各部门出发设计适应政策，重点应是如何发挥各部门的协同效应。

专项资金机制的支持。针对我国地区发展差距大、发展赤字突出的问题，可借鉴气候公约下的绿色气候资金机制，设立国家专项适应资金，重点投向西部中高脆弱省份，或具有国家战略意义的重大建设项目（如水利枢纽、流域管理、南水北调等）。发达地区脆弱性低、适应能力高，可鼓励其开展自主适应行动，充分发挥市场机制作用。

六 结论

适应规划是基于预防原则的政策设计，气候变化的福利经济学分析能够为适应规划提供科学的决策支持。本文研究指出，气候变化对高脆弱地区带来的福利损失风险是巨大和长期的，为了提升全社会的总体福利水平，切实实现帕累托改进，适应规划应当注重顶层设计，注重不同地区和部门之间的政策协同。政策建议包括：（1）充分考虑区域差异，在适应规划中协同发展与适应目标。发展型适应是典型的“无悔”措施，适应目标应侧重于降低气候敏感性、提高适应能力，加强对科技、教育、健康医疗、气候防护基础设施等公共产品的投入。（2）建立国家专项适应基金，从气候公平、气候安全的战略高度进行总体和前瞻性设计，将适应资源和投入优先用于最脆弱地区，优先满足其基本需求并提升长期可持续能力。（3）将气候变化风险、脆弱性评估作为科学决策的基础，加强气候变化对我国不同地区经济福利和非经济福利的影响与风险评估研究。

气候政策研究是典型的交叉学科研究领域，本文的探索性工作难免存在不足之处。例如，气候政策通常采用多种气候情景和社会经济情景进行风险评估，本文采用单一情景分析了近中期的气候风险，未考虑100年以上中长尺度气候变化趋势及极端气候事件引发的社会经济影响，这是气候变化风险中影响最大且最具不确定性的部分，也是目前国际学界的研究热点。此外，本文采用了一些理论假设估算经济福利风险，如高温场景，人口和经济增长的外生性，效用均质性，忽略灾害的间接经济损失及人力资本损失等。这些简化计算有待在后续研究中予以改进。

参考文献

〔英〕李特尔:《福利经济学评述》，陈彪如译，商务印书馆，2014。

胡锦涛:《中国共产党第十八次全国代表大会报告“坚定不移沿着中国特色社会主义道路前进，为全面建成小康社会而奋斗”》,《光明日报》2012 年 11 月 8 日。

金戈:《中国基础设施资本存量估算》,《经济研究》2012 年第 4 期。

李克强:《十二届全国人大三次会议“政府工作报告”》，中国网,2015年3月5日。

李修仓、张飞跃、王安乾:《中国气候灾害历史统计》，载王伟光、郑国光主编《应对气候变化报告（2015）：巴黎的新起点和新希望》，社会科学文献出版社，2015。

刘宝、蒋烽、胡善联:《人群健康的地区差距》,《中国卫生资源》2006 年第 1 期。

刘昌义:《气候变化经济学中贴现率问题的最新研究进展》,《经济学动态》2012 年第 3 期。

刘昌义、何为:《不确定条件下的贴现理论与递减贴现率》,《经济学家》2015 年第 3 期。

刘杰、许小峰、罗慧:《极端天气气候事件影响我国农业经济产出的实证研究》,《中国科学　地球科学》2012 年第 7 期。

刘小鹏、苏晓芳、王亚娟、赵莹、黄越:《空间贫困研究及其对我国贫困地理研究的启示》,《干旱区地理》2014 年第 1 期。

罗慧、许小峰、章国材、罗进辉、王建鹏:《中国经济行业产出对气象条件变化的敏感性影响分析》,《自然资源学报》2010 年第 1 期。

秦大河主编《中国极端天气气候事件和灾害风险管理与适应国家评估报告》，科学出版社，2015。

王树同、赵振军:《从流量到存量：中国经济高增长中的低经济福利问题》,《河北学刊》2005 年第 4 期。

张雪艳、何霄嘉、孙傅:《中国适应气候变化政策评价》,《中国人口·资源与环境》2015 年第 9 期。

郑艳、梁帆:《气候公平原则与国际气候制度构建》,《世界经济与政治》2011 年第 6 期。

Adger, W. N., 2006, "Vulnerability" , *Global Environmental Change*, 16:268-281.

Biesbroek, G. R., J. Swart, T. R. Carter et al., 2010, "Europe Adapts to Climate Change: Comparing National Adaptation Strategies" , *Global Environmental Change*, (20)3:440-450.

Botzen, W.J.W. and Van den Bergh, J.C.J.M., 2014, "Specifications of Social Welfare in Economic Studies of Climate Policy: Overview of Criteria and Evaluation of Policy insights" , *Environmental and Resource Economics*, 58(1) :1-33.

Callaway, J. M., 2004, "Adaptaion Benefits and Costs: Are They Important in the Global Policy Picture and How Can We Estimate Them?" , *Global Environmental Change*, 14:273-282.

Dietz, S., 2011, "High Impact, Low Probability? An Empirical Analysis of Risk in the Economics of Climate change" , *Climatic Change*, 103: 519-541.

Dietz, S.,Hepburn, C. and N. Stern, 2009, "*Economics, Ethics and Climate Change. Arguments for a Better World": Essays in Honour of Amartya Sen* (Volume 2: society, institutions and development)[Kaushik Basu and Ravi Kanbur (eds.)], Oxford University Press.

Fankhauser, S., R. S.J. Tol and D. W. Pearce, 1997, "The Aggregation of Climate Change Damages: a Welfare Theoretic Approach" , *Environmental and Resource Economics*, 10(3):249-266.

Florio, M., 2014, "Applied Welfare Economics: Cost-Benefit Analysis of Projects and Policies" , *Routledge*, 199-221.

Gowdy, J. M., 2008, "Behavioral Economics and Climate Change Policy" , *Journal of Economics Behavior & Organization*, 68:632-644.

Hallegatte, S., F. Lecocq, C. de Perthuis, 2011, "Designing Climate Change Adaptation Policies: An Economic Framework" ,World Bank, *Policy Research Working Paper* 5568.

Hallegatte, S., V. Przyluski,2010, "The Economics of Natural Disasters Concepts and Methods" , World Bank, *Policy Research Working Paper* 5507.

Handmer, J., Y. Honda, Z. W. Kundzewicz, N. Arnell, G. Benito, J. Hatfield, I. F. Mohamed, P. Peduzzi, S. Wu, B. Sherstyukov, K. Takahashi and Z. Yan, 2012, "Changes in Impacts of Climate Extremes: Human Systems and Ecosystems", in: *Managing the Risks of Extreme Events and Disasters to Advance Climate Change Adaptation* [Field, C. B., et al. (eds.)], A Special Report of Working Groups Ⅰ and Ⅱ of the IPCC, Cambridge University Press, pp. 231-290.

Hanley, N., D. Tinch, 2004, Cost-Benefit Analysis and Climate Change, in: *Economics of Climate Change* [A.D.Owen and N.Hanley(eds)], Routledge, 147-165.

IPCC, 2012, *Managing the Risks of Extreme Events and Disasters to Advance Climate Change Adaptation. A Special Report of Working Groups Ⅰ and Ⅱ of the Intergovernmental Panel on Climate Change* [Field, C.B. et al. (eds.)], Cambridge University Press.

IPCC, 2014, "*Climate Change 2014: Impacts, Adaptation, and Vulnerability. Part A:Global and Sectoral Aspects*". *Contribution of Working Group Ⅱ to the Fifth Assessment Report of the Intergovernmental Panel on Climate Change*[Field, C.B. et al. (eds.)], Cambridge University Press.

Narain, U., S. Margulis and T. Essam, 2011, "Estimating Costs of Adaptation to Climate Change", *Climate Policy*, 11(3):1001-1019.

Nordhaus, W. D., 2013, "The Climate Casino: Risk, Uncertainty, and Economics for a Warming World", Yale University Press, pp.135-146.

Pan, J. H., Zheng, Y., A. Markandya, 2011, "Adaptation Approaches to Climate Change in China: An Operational Framework", *Economia Agrariay recursos naturales*, 11(1):99-112.

Patt, A., D. Schroter, R.J.T. Klein, A.C. Vega-Leinert (eds.), 2011, *Assessing Vulnerability to Global Environmental Change: Making Research Useful for Adaptation Decision Making and Policy*, Earthscan, UK.

Preston, B. J., E. J. Yuen, and R. M. Westaway, 2011, "Putting Vulnerability to Climate Change on the Map: A Review of Approaches, Benefits, and Risks", *Sustainability Science*, (6):177-202.

Ruiz Estrada, M. A., 2013, "The Macroeconomics Evaluation of Climate Change Model (MECC-Model): The Case Study of China", *MPRA Paper* No. 49158, http://mpra.ub.uni-muenchen.de/49158/.

Stern, N., 2007, *The Economics of Climate Change: The Stern Review*, Cambridge University Press.

Tol, R. S. J., T. E. Downing, O. J. Kuik and J. B.Smith, 2004, "Distributional Aspects of Climate Change Impacts", *Global Environmental Change*, 14:259-272.

Vale, P. M., 2016, "The Changing Climate of Climate Change Economics", *Ecological Economics*, 121:12-19.

Vemuri, A.W. and R. Costanza, 2006, "The Role of Human, Social, Built, and Natural Capital in Explaining Life Satisfaction at the Country Level: Toward a National Well-Being Index (NWI)", *Ecological Economics*, 58:119-133.

Weitzman, M.L., 2010, "What is the 'Damages Function' for Global Warming-and What Difference Might it Take?", *Climate Economics*, 1(1):57-69.

Westphal, M. I., Hughes, G. A., Brömmelhörster, J.(eds.), 2013, "Economics of Climate Change in East Asia", Asian Development Bank.

Ⅲ 国家气候适应型城市建设试点评估*

2017 年初，中国正式启动 28 个气候适应型城市建设试点的创建工作，各试点采取了一系列适应气候变化的举措。本文基于国内外适应气候变化相关研究与实践，结合中国城市特点与试点工作要求，构建包含 6 个一级指标、15~21 个评价指标的“气候适应型城市建设试点评价指标体系”，对试点工作进展进行了全面评估。研究表明，试点的适应理念有所增强、适应能力有所提升、气候变化监测水平和适应基础能力有所加强，开展了各具特色的体制机制创新与国际合作交流活动，但试点进展参差不齐，整体适应水平仍有提升空间。建议尽快研究提出评价气候适应型城市建设试点工作进展的评估体系，加强对适应行动和工作亮点的梳理，提高试点地区政治站位，强化城市适应气候变化理念。

---

* 作者：付琳，国家气候战略中心助理研究员，主要从事应对气候变化制度研究与评估；杨秀，清华大学气候变化与可持续发展研究院副研究员，主要从事能源与气候变化研究；张东雨，国家气候战略中心助理研究员，主要从事应对气候变化制度研究；曹颖，国家气候战略中心副研究员，主要从事能源与气候变化政策、低碳发展规划与政策等研究。

本文原载于谢伏瞻、刘雅鸣主编《应对气候变化报告（2020）：提升气候行动力》，社会科学文献出版社，2020。

一 引言

中国是全球受气候变化影响最严重的地区之一。适应气候变化指通过调整自然和人类系统以应对实际发生或预估的气候变化与影响(IPCC)，是针对气候变化影响趋利避害的基本对策[①]。气候适应型城市建设试点工作是对习近平总书记在巴黎气候大会上提出的“坚持减缓和适应气候变化并重”要求及总书记“山水林田湖草生命共同体”理念的贯彻落实，有助于推动《国家适应气候变化战略》的有效实施。气候适应型城市建设试点的工作目标包括完善政策体系，创新管理机制，将适应气候变化理念纳入城市规划建设管理全过程，完善相关规划建设标准等。及时深入剖析其工作现状、进展、亮点与挑战，总结形成可复制、可推广的试点经验，对全面提升我国城市适应气候变化能力具有很强的示范作用。

科学合理的评估是对研究对象进行准确评价和正确引导的重要手段[②]。指标体系方法能够对影响评价对象表现水平的多个因素做出全面考虑，是国内外气候变化影响评估较多采取的一种评估方法[③]。依托评价指标体系，既能查找亮点并梳理总结经验，也便于识别问题、查找原因、提出对策。已有研究多基于“压力－状态－响应”模型（PSR）构建评价指标体系[④]，也有文献基于IPCC适应能力评价模型[⑤]，或采用资本方法

---

① 郑大玮:《适应与减缓并重 构建气候适应型社会》,《中国改革报》2014年第2期。

② 吴向阳:《城市适应气候变化能力评价指标体系构建》,《现代企业》2019年第10期，第93~94页。

③ 杨秀、付琳、张东雨:《适应气候变化评价指标体系构建与应用》,《阅江学刊》2020年第2期，第83~98、130页。

④ 刘霞飞、曲建升、刘莉娜等:《我国西部地区城市气候变化适应能力评价》,《生态经济》2019年第4期，第104~110页；丁洁、徐鹤:《交通规划环境影响评价中气候变化指标体系研究》,《环境污染与防治》2012年第1期，第85~90页。

⑤ 赵春黎、严岩、陆咏晴等:《基于暴露度－恢复力－敏感度的城市适应气候变化能力评估与特征分析》,《生态学报》2018年第9期，第3238~3247页。

（capital method）构建指标体系并开展评估[①]。部分研究从高温热浪[②]、水资源系统[③]等单一领域提出评价指标体系，也有从政府管理绩效的角度提出评价指标体系[④]。权重设置上，以层次分析法、专家打分法、均权法[⑤]、主观打分法[⑥]、熵值赋权法较为常见。然而已有研究对指标框架的设计未能全面覆盖试点工作任务，也没能兼顾试点地区数据和基础能力薄弱等现实问题，因此不适用于试点评估。我国已发布的《应对气候变化统计指标体系》和《国家适应气候变化战略》中，相关指标侧重于气候变化减排及农业、林业、水资源等影响领域，同样不适用于城市领域的工作评估[⑦]。

为了以量化方式反映国家气候适应型城市建设试点工作的整体进展，识别亮点与不足，为试点工作提供指导，本文以《气候适应型城市建设试点工作的通知》和试点实施方案为依据，初步构建起较为系统的“气候适应型城市建设试点评价指标体系”，并基于量化评估结果，提出政策建议。

二 气候适应型城市建设试点的目标与任务

国家气候适应型城市，是指通过城市规划、建设、管理，能够有效

---

① Minpeng Chen, Fu Sun, Pam Berry et al., “Integrated Assessment of China’s Adaptive Capacity to Climate Change with a Capital Approach”, *Climatic Change*, 2014.

② 王义臣：《气候变化视角下城市高温热浪脆弱性评价研究》，北京建筑大学硕士学位论文，2015。

③ Vishnu Prasad Pandey, Mukand S. Babel, Sangam Shrestha, et al., “A Framework to Assess Adaptive Capacity of the Water Resources System in Nepalese River Basins”, *Ecological Indicators*, 2010, 11 (2)；张君枝、刘云帆、马文林等：《城市水资源适应气候变化能力评估方法研究——以北京市为例》，《北京建筑大学学报》2015 年第 2 期，第 43~43 页。

④ Gupta, J., Termeer, C., Klostermann, J. et al., “The Adaptive Capacity Wheel: A Method to Assess the Inherent Characteristics of Institutions to Enable the Adaptive Capacity of Society”, *Environmental Science & Policy*, 2010, 13 (6):459-471；姚晖、宋恬静、朱琴：《地方政府适应气候变化行动的绩效评价与区域比较》，《地域研究与开发》2016 年第 2 期，第 24~28 页。

⑤ Resilience Capacity Index, Building Resilient Regions. http://brr.berkeley.edu/rci/.

⑥ Sopac Technical Report 275. Environmental Vulnerability Index (EVI) to Summarise National Environmental Vulnerability Profiles, 1999, 2, 4.

⑦ 杨秀、付琳、张东雨：《适应气候变化评价指标体系构建与应用》，《阅江学刊》2020 年第 2 期，第 83~98、130 页。

应对暴雨、雷电、强风、雾霾、高温、干旱、沙尘、霜冻、积雪、冰雹等恶劣气候，保障城市生命线系统正常运行、居民生命财产安全和城市生态安全相对可靠的城市。2017 年，《气候适应型城市建设试点工作的通知》（以下简称《试点通知》）明确了 28 个试点城市的名单（见表 1），并制定其工作目标。《试点通知》从强化城市适应理念、提高监测预警能力、开展重点适应行动、创建政策试验基地、打造国际合作平台等五个方面提出试点工作的任务要求。本文密切结合上述五个方面的任务要求，构建气候适应型城市试点的评价体系，旨在科学指导与评估试点工作。

表 1　气候适应型城市试点的省域分布及气候条件

地区	省份	城市	气候条件
东北地区	辽宁省	朝阳市	北温带大陆性季风气候
		大连市	暖温带半湿润大陆性季风气候
华北地区	内蒙古自治区	呼和浩特市	中温带大陆性季风气候
华中地区	湖南省	岳阳市	亚热带季风气候
		常德市	亚热带湿润季风气候
	湖北省	武汉市	亚热带季风气候
		十堰市	亚热带季风气候
	贵州省	六盘水市	亚热带湿润季风气候
		毕节市赫章县	亚热带季风气候
	河南省	安阳市	温带季风气候
西北地区	甘肃省	庆阳市西峰区	暖温带大陆性季风气候
		白银市	中温带半干旱气候
	青海省	西宁市	高原大陆性气候
	新疆维吾尔自治区 / 新疆生产建设兵团	库尔勒市	温带大陆性气候
		阿克苏市拜城县	暖温带大陆性气候
		石河子市	温带大陆性气候

续表

地区	省份	城市	气候条件
西北地区	陕西省	商洛市	南部属北亚热带气候，北部属暖温带气候
		西咸新区	温带季风气候
华东地区	浙江省	丽水市	亚热带季风气候
	安徽省	合肥市	亚热带季风气候
		淮北市	暖温带湿润季风气候
	山东省	济南市	温带季风气候
	江西省	九江市	亚热带季风气候
华南地区	海南省	海口市	热带季风气候
	广西壮族自治区	百色市	亚热带季风气候
西南地区	四川省	广元市	亚热带湿润季风气候
	重庆市	重庆市璧山区	亚热带湿润季风气候
		重庆市潼南区	亚热带湿润季风气候

三　构建气候适应型城市建设试点评价指标体系

（一）构建原则

在综述国内外适应气候变化相关指标体系的基础上，基于各个试点城市提交的 2017 年度进展报告，结合城市适应气候变化的关键问题和地方关切，确定以下基本原则。

（1）有效适应原则。提倡城市结合自身气候风险，选择最迫切需要适应，也相对容易取得成效的领域率先开展适应工作。

（2）动态调整原则。基于城市社会经济发展的现状开展适应工作，并根据相关国家战略和新的发展趋势与要求及时调整适应策略和适应措施。

（3）指导性原则。体现对城市适应工作的指导价值，既用于评估工作进展和成效，也可规范引导城市开展工作。

（4）以工作推进为主、成效为辅的评估原则。考虑到试点数据基础、技术规范、政策体系和体制机制建设尚不完善，现阶段的评估以是否开展了相关工作的评估为主，工作效果的评估为辅。

（5）代表性与普适性相结合原则。城市适应气候变化具有鲜明的地域特点，指标体系的构建要适用于我国不同类型城市的适应气候变化评价，能充分体现各地气候变化的特征。

（二）构建评价指标体系

参考国内外研究与实践现状，以《试点通知》和试点实施方案为重要参照和指标筛选依据，综合考虑指标内涵、数据质量和可得性，本文构建了包含 6 个一级指标、15~21 个评价指标的“气候适应型城市建设试点评价指标体系”（见表 2）。一级指标中 A1~A5 属于软措施类指标，旨在反映城市适应气候变化的目标设定和规划体系、政策制度和体制机制建设是否完善，气候适应型城市建设试点工作是否得到有效支撑；A6 属于硬措施类指标。二级指标中，B1~B5 对应《试点通知》的要求，B10 为试点根据发布的实施方案开展工作的总体情况，B11~B15 旨在反映城市重点领域的适应行动的开展情况；B16~B21 是反映城市应对强降水、洪涝、干旱、大气雾霾、水土流失或沙漠化（石漠化）、海洋及海岸线保护等方面采取个性化行动的自选动作。根据每个城市开展工作情况的不同，B11~B21 的计分项数也不同，采取了 n 项自选动作（$0 \leqslant n \leqslant 6$），则计分项数为 5（规定动作）$+n$（自选动作），由这 $5+n$ 项均分 25 分的总权重，即 B11~B21 的指标权重如下：

$$\text{指标权重} = \frac{25}{n+5}, \quad 0 \leqslant n \leqslant 6$$

表 2 气候适应型城市建设试点评价指标体系

编号	一级指标	权重	编号	二级指标	权重	评分标准
A1	城市适应理念	10	B1	城市适应气候变化方案编制情况	5	发布城市适应气候变化方案计满分；编制气候适应型城市建设试点建设方案、适应气候变化行动计划计 50% 分
			B2	城市适应气候变化规划编制情况	5	编制发布城市适应气候变化规划计满分；将适应气候变化相关目标纳入城市规划体系计 30% 分；编制适应气候变化相关领域专项规划计 30% 分
A2	体制机制创新	10	B3	机制创新	5	视具体情况评分
			B4	体制创新	5	视具体情况评分
A3	能力建设	10	B5	公众适应 / 防灾减灾意识培育	5	在适应气候变化相关的媒体宣传、开展培训班或编制教材、举办相关宣教活动等三个方面中，开展了一项计 30% 分，开展了两项计 60% 分，三项均开展计满分
			B6	适应基础能力	5	在试点实施方案中提出评价指标体系计 50% 分；开展气候变化基础研究计 25% 分；开展适应气候变化战略规划相关研究计 25% 分
A4	提高监测预警和灾害防控能力	10	B7	提升监测预警预报能力	5	开展气候变化监测基础设施建设计 20% 分；开展气候变化监测预警预报及基础能力提升行动计 30% 分；完善气象监测预警体制机制建设计 50% 分
			B8	城市应急处理机制建设	5	编制应急管理相关规划计 30% 分；出台应急管理相关预案计 30% 分；完善应急管理体制机制建设计 30% 分；其他视情况打分
A5	国际合作	10	B9	国际合作与交流情况	10	开展适应气候变化相关领域国际合作计 50% 分；召开国际会议计 50% 分；参加适应领域相关国际会议计 10% 分 / 次

续表

编号	一级指标	权重	编号	二级指标	权重	评分标准
A6	提升城市适应气候变化能力的行动	50	B10	实施方案主要任务落实比例	25	对照城市编制的试点方案中涉及的适应气候变化主要任务，落实 80% 以上任务计满分；落实 50% 以上任务计 60% 分；其他视情况打分
			B11	城乡建筑适应气候变化行动	25/(5+*n*)	开展装配式建筑推广计 1/3 分；开展建筑升级改造计 1/3 分；开展绿色建筑改造计 1/6 分；开展建筑节能改造计 1/6 分
			B12	交通基础设施改善情况	25/(5+*n*)	提升交通基础设施建造标准计 50% 分；修缮已有交通基础设施计 30% 分；新建交通基础设施计 20% 分；其他视情况打分
			B13	城市综合管廊、市政管网新改建	25/(5+*n*)	综合管廊建设、市政管网新改建、城市生命线系统建造维护等三项行动中，开展了一项计 30% 分，开展了两项计 60% 分，三项均开展计满分
			B14	城市生态系统建设情况	25/(5+*n*)	城市绿化、生态系统修复、植树造林等三项行动中，开展了一项计 30% 分，开展了两项计 60% 分，三项均开展计满分
			B15	提升城市供水能力和水质	25/(5+*n*)	开展提升城市供水能力的行动计 50% 分，开展提升城市水质的行动计 50% 分
			B16*	提升城市雨洪消纳水平	25/(5+*n*)	已开展提升城市雨洪消纳水平的行动的暂计满分
			B17*	城市防洪行动	25/(5+*n*)	已开展防洪区划、防洪堤坝建设等城市防洪行动的暂计满分
			B18*	提升城市应对干旱风险的能力	25/(5+*n*)	已开展节水、人工降雨等提升干旱应对能力行动的暂计满分
			B19*	提升城市应对雾霾风险的能力	25/(5+*n*)	已开展大气雾霾天气应对措施的暂计满分
			B20*	城市水土流失、沙漠化及石漠化治理	25/(5+*n*)	已开展水土流失治理、沙漠化及石漠化治理措施的暂计满分
			B21*	海洋及海岸线保护	25/(5+*n*)	已开展海洋及海岸线保护等行动的暂计满分

注："*"为个性化指标；*n* 为试点采取的个性化适应行动数量，$0 \leqslant n \leqslant 6$；总得分超过 100% 的，按照 100% 计。

四 气候适应型城市建设试点工作进展评估及分析

（一）总体进展

试点总体得分分布如图 1 所示，试点平均得分 48.0 分，仅两个试点得分超过 60 分，没有超过 80 分的试点，可见多数试点地区 2017 年度的适应工作开展尚不充分。分领域来看（见图 2），硬措施类行动得分率较高，反映出大部分试点地区开展了适应气候变化相关的工作。但软措施类行动得分率较低，说明试点地区对适应气候变化的认识不深、顶层设计不足，开展的指导性、能力提升类工作少。

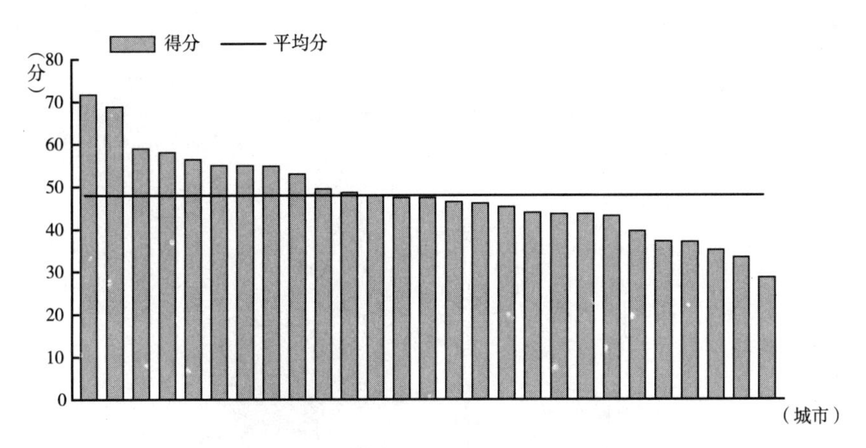

图1 27 个城市气候适应型城市建设试点总分分布

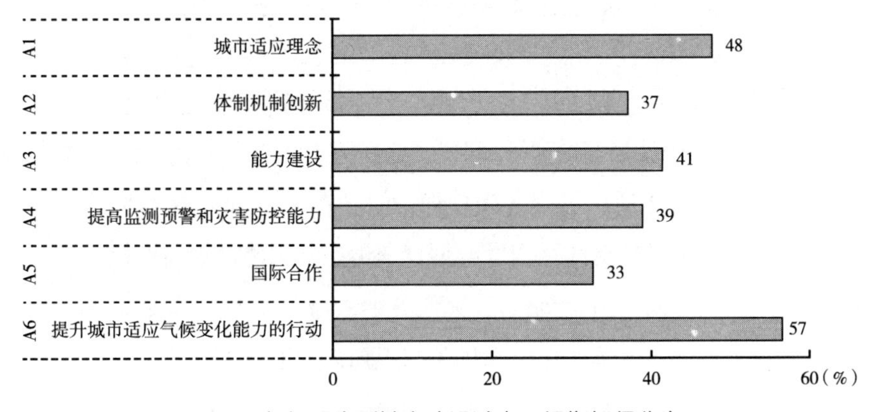

图2 气候适应型城市建设试点一级指标得分率

（二）城市适应气候变化理念（A1）

A1 指标的最低得分率为 25%，最高得分率为 80%，半数试点得分率介于 40%~55%（见图 3，下同），说明大部分试点开展了相关工作，但尚不充分，指导试点行动的作用不显著。例如安徽省淮北市研究制定了《淮北市气候适应型城市试点建设行动计划（2017-2020 年）》，并将气候变化影响因素纳入城市总体规划，启动《淮北市城市生态网络规划（2017-2035 年）》的编制工作，为推进适应工作提供有力保障，得分最高。而得分最低的城市仅对试点实施方案进行了修订。

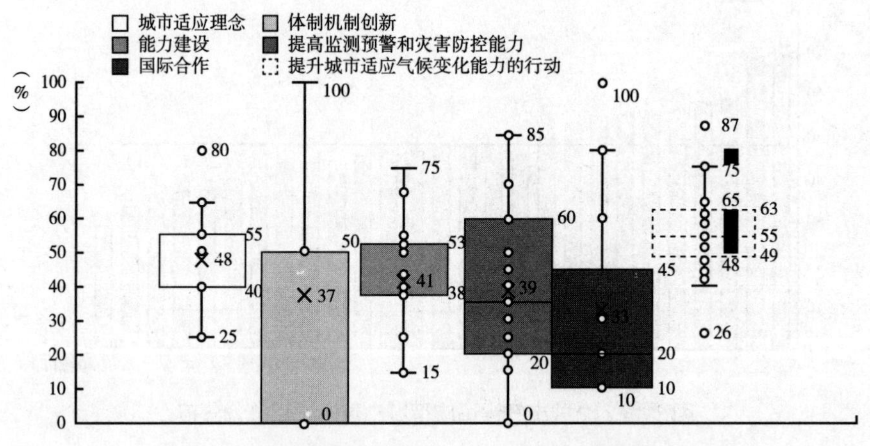

图 3 气候适应型城市建设试点一级指标得分率分布

B1 指标平均得分率为 63%（见图 4，下同），7 个试点地区制定或颁布了《试点建设行动计划》，获得满分。B2 指标平均得分率为 32%，尚没有试点编制或发布城市适应气候变化规划，但已有 12 个试点探索将适应因素纳入城市规划、国民经济和社会发展规划、生态文明建设规划等相关规划体系，或是将适应气候变化行动的目标任务纳入城市发展总体安排，16 个试点城市制定了与适应气候变化工作相关的规划，如地下综合管廊规划、海绵城市专项规划、气象灾害防御规划等，B6 指标平均得分率为 60%。

（三）城市适应气候变化体制机制创新（A2）

A2 指标最低得分率为 0，最高得分率为 100%，半数试点得分率介于 0~50%，说明有相当比例的试点没有开展体制机制创新工作，试点间差距大。仅浙江省丽水市在体制和机制方面都开展了相关工作，包括建立自然灾害公众责任保险、农业气象指数灾害保险、适应领导小组建立部门联席会议制度等，获得满分。其中，B3 指标平均得分率为 30%，主要做法包括建立风险转移机制、“河长制”等。B4 指标平均得分率为 44%，主要做法包括跨部门联动机制、成立气象防灾减灾中心等。

（四）城市适应气候变化能力建设（A3）

A3 指标最低得分率为 15%，最高得分率为 75%，半数试点得分率介于 38%~53%。例如，辽宁省朝阳市通过多种媒体宣传适应气候变化的常识和应对方法，设置卫生应急知识专栏，开展进学校、进企业、进社区活动，得分最高；得分最低的城市仅在相关媒体就开展试点的情况进行了报道。

B5 指标平均得分率为 23%，仅辽宁省朝阳市从媒体宣传、举办干部培训班、发放宣传单等三个方面，针对不同人群开展了工作，获得满分，近半数的试点从举办宣传活动方面开展了适应相关意识培养工作。B6 指标平均得分率为 60%，湖南省岳阳市既开展了适应气候变化相关基础研究和战略规划研究，还在实施方案中提出试点建设评价指标体系，获得满分。半数以上的试点开展了适应气候变化基础研究，并在实施方案中提出试点建设评价指标体系，但开展战略规划研究的试点仅有 6 个。

（五）城市气候变化监测预警和灾害防控（A4）

A4 指标最低得分率为 0，最高得分率为 85%，半数试点得分率介于 20%~60%，同样反映出试点间进展差距大，监测预警和灾害防控工作开展不充分。安徽省淮北市、辽宁省大连市完善监测预警基础设施建设，开展能力提升工作和体制机制建设工作，编制了应急、防灾减灾相关规划或应急预案，提升应急处理能力，得到最高分。B7 指标平均得分率为 41%，安徽省合肥市、淮北市，辽宁省大连市全面开展了基础设施、能力提升和体制机制建设工作，获得满分，多数试点开展了基础能力提升工作，仅 5 个试点在体制机制建设方面开展工作。B8 指标平均得分率为 37%，10 个试点因出台应急预案或相关规划并开展体制机制建设工作而得到 70% 的分数，没有得到满分的试点。

（六）城市适应气候变化国际合作（A5）

A5 指标最低得分率为 10%，最高得分率为 100%，半数试点得分率介于 10%~45%，反映出试点在国际合作与交流方面开展的工作很有限，且试点间差距极大。湖北省武汉市、浙江省丽水市分别承办“气候服务与城市气候变化风险评估研讨会”和首届“国家气候适应型城市试点建设研讨会”，与多家国际组织开展联合研究，并积极参加了适应气候变化国际研讨会，获得满分。共计 4 个试点依托研究项目与国际组织联合开展研究，5 个试点承办了与城市适应气候变化相关的国际会议。

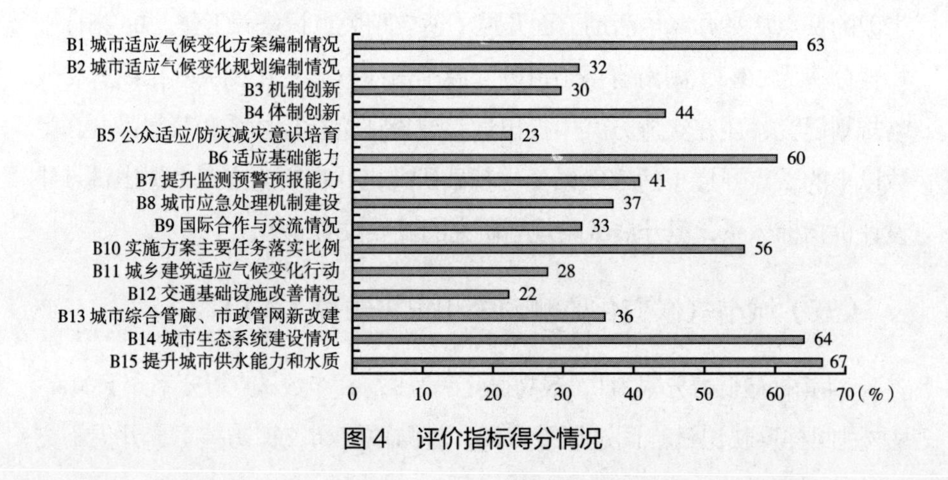

图 4　评价指标得分情况

（七）城市适应气候变化能力的行动（A6）

A6 指标最低得分率为 26%，最高得分率为 87%，半数试点得分率介于 49%~63%，说明大部分试点地区开展的适应行动较为全面，较好地落实了试点实施方案提出的主要任务，但试点间存在差距。

B10 指标平均得分率为 56%，多数试点对试点方案主要任务的完成度在 40% 以上，个别试点完成度不足 20%，说明试点地区对试点方案主要任务的落实程度整体较好，但不同地区之间差距较大。

基础设施方面，B11 指标平均得分率为 28%，仅重庆市潼南区在建筑节能、建筑改造和装配式建筑推广等三个方面均开展了工作，采取的措施包括严格执行绿色建筑强制性标准、100% 执行节能标准、完成城镇棚户区改造、积极推广装配式建筑等，获得满分，7 个试点地区暂未开展相关工作，仅 3 个试点在推广装配式建筑方面开展了工作。

B12 指标平均得分率为 22%，没有满分城市，但辽宁省朝阳市、新疆维吾尔自治区库尔勒市均开展了新建基础设施建设、既有基础设施修缮、改善城市通行质量等工作，获得较高分数。

B13 指标平均得分率为 36%，辽宁省朝阳市，安徽省合肥市、淮北市，贵州省六盘水市均开展了城市管网新建改造、综合管廊建设、城市生命线系统维护工作，获得满分，4 个试点地区暂时未开展相关工作。

B14 指标平均得分率为 64%，8 个试点全面开展了防沙土地治理、城市绿化、城市生态系统完善、林业碳汇建设，获得满分，且单独开展上述工作的试点占比高于 50%，仅 1 个试点地区暂未开展相关工作。

B15 指标平均得分率为 67%，10 个试点全面开展了提升供水保障性和提升城市水质的工作，如建设水质监测平台、开展饮用水水源地保护专项行动、开展黑臭水体治理工作等，获得满分，单独开展上述工作的试点占比高于 50%，没有未开展相关工作的城市。

个性化适应行动（B16~B21）方面，分别有16个和5个试点开展了针对洪涝和强降雨风险的工作，如排涝工程建设、河道防洪治理等；分别有9个和5个试点开展了针对干旱和雾霾风险的工作，如工业节水、开展人工增雨降尘等措施；13个试点开展了水土流失或沙化土地治理工作；沿海试点大连市开展了近海生物碳汇恢复和保护等工作。

五　结论及建议

本研究基于构建的评价指标体系识别并指出，气候适应型城市建设试点均开展了硬措施类的行动，并在落实城市适应理念方面有所进展，而在能力建设、提高监测预警和灾害防控能力、体制机制创新、国际合作等软措施领域开展的工作尚不到位。整体来看，试点普遍在适应气候变化顶层设计、体制机制建设、基础能力建设等方面开展工作不足，意味着大部分试点是依靠政府强推或者整合部门间已有工作的方式来开展行动的。适应工作缺乏战略或规划目标，长效工作机制尚未建立，适应工作缺乏稳定的政策、制度、技术、资金支撑，将导致大部分气候适应型城市建设试点工作只具备短期效果，长期来看对提升城市综合适应能力的成效有限。为推动进一步开展气候适应型城市建设试点工作，尽快形成可复制、可推广的经验，发挥试点的示范带头作用，基于构建的评价指标体系和评估结果，提出如下建议。

（1）根据《试点通知》，2020年是试点的总结期，建议主管部门研究提出指标评估体系并定期开展试点评估，切实发挥好评价指标体系量化标尺与指挥棒的作用，进一步强化试点工作的目标导向，强化适应气候变化监测预警和基础能力建设。鼓励试点城市尽快出台适应气候变化的中长期行动方案或规划文本，尽快构建城市适应气候变化的长效工作机制，以全面提升城市适应气候变化的管理水平和能力。

（2）建议加强对已开展适应行动的总结梳理，进一步提炼试点工作的亮点，梳理工作完成较好的试点地区的做法，总结提出可复制、可推广的经验，形成《气候适应型城市建设试点案例集》，充分发挥试点的示范带动作用。

（3）建议试点地区应当切实提高政治站位，强化城市适应气候变化理念，抓紧落实试点实施方案，并在落实好主要任务的基础上推动其他适应气候变化相关工作的开展。以提高城市自身适应气候变化能力为出发点，试点地区应进一步完善基础设施建设，改善城市建筑和其他基础设施应对极端气候事件的能力，降低脆弱性和暴露度。特别是应当充分考虑非常态下的生命线运行保障，避免在应对突发事件时表现出脆弱性和不完善性。

Ⅳ 提升人居环境系统的气候适应性：适应途径与协同策略*

人居环境系统是由人类居住区及其周边环境组成的“社会－生态复合系统”。气候变化对人居环境的影响主要体现在经济体系、基础设施和人体健康三个领域。本文提出将适应气候变化理念引入人居环境科学，将人居环境视为一个复杂适应系统。首先，分析了气候变化给人居环境系统带来的新风险，如复合型风险、关键风险、突现风险、系统性风险等。其次，将人居环境系统区分为建筑基础设施、生命线基础设施、生态基础设施、社会基础设施四个子系统，分别论述各子系统提升气候适应性的具体途径。最后，基于系统治理理念，从城乡协同、试点建设协同、多主体协同等不同视角，提出人居环境的协同适应策略。

一 城镇化进程中人居环境变化与气候变化相伴相生

联合国2030年可持续发展议程提出要“建设包容、安全、有韧性、

* 作者：郑艳，中国社会科学院生态文明研究所研究员；李惠民，北京建筑大学，北京应对气候变化研究和人才培养基地副教授；李迅，中国城市规划设计研究院前副院长、中国城市科学研究会秘书长。

基金项目：国家社会科学基金项目“气候适应型城市多目标协同治理模式与路径研究”（编号：18BJY060）。本文原载于《环境保护》2020年第13期。

可持续的城市和人类居住区”。人类居住区（Human settlement）及其周围的自然与人工环境即构成“人居环境系统”。人居环境包括城市和乡村地区，其中城镇化进程是人类居住区快速扩展的典型特征，是当今人类社会发生的最为显著的变化。近 100 年来，工业化和全球化时代的人类活动，已经深入影响到全球环境和大气变化，从而让地球迈入人类主导地球变化的“人类世”（Anthropocene）。

人类世背景下的城镇化是现代工业文明的象征，同时也对人居环境自身造成了巨大影响。一方面，城镇化进程往往伴随着人工环境对自然环境的替代。研究表明①，过去 30 年间，全球城市扩张的平均规模为每年 9687 平方公里，城市用地增长率（80%）远大于全球城市人口增长率（52%）。其中新增城市用地居全球前 3 位的国家依次为美国、中国和印度，中国、印度的城市扩张集中于主要城市群及其周边地区，美国主要是一些大城市的扩张。1992 年以来，全球新增城市用地中约有 70% 来源于对农业用地的侵占，其次是草地和林地，新增用地已不再是满足人口居住需求，而是更多地被用于商业、工业等用途。伴随着城市地区成为全球生产与生活的中心，继之而来的是城市也成为生态足迹、能源消费、污染物排放的集中地带。

另一方面，作为全球人口和财富最密集的地区，城市也是各种自然灾害和人为风险的高发地区。联合国政府间气候变化专门委员会（IPCC）第五次科学评估报告②指出，气候变化与城镇化过程密切相关，气候变化风险、极端气候事件加剧了人居环境的脆弱性和暴露度。未来随着城镇化的发展，人口进一步增加，未来城镇所面临的气候变化风险可能会更为严峻③。

气候变化和城镇化塑造了我国人居环境的基本格局。人居环境的特

① Liu, X., Huang, Y., Xu, X. et al., High-Spatiotemporal-Resolution Mapping of Global Urban Change from 1985 to 2015, Nat Sustain (2020), https://doi.org/10.1038/s41893-020-0521-x.

② IPCC, *Climate Change 2014: Impacts, Adaptation, and Vulnerability*, Cambridge University Press, Cambridge and New York, 2014.

③ 翟盘茂、袁宇锋、余荣等:《气候变化和城市可持续发展》,《科学通报》2019 年第 19 期。

征及其变迁与气候变化的影响、暴露度、脆弱性等风险要素高度关联。当代中国城镇化在速度、规模、区位、形式以及影响方面都不同于历史任何时期。改革开放 40 多年来，中国城镇化获得了快速发展，城镇化率从1978年的17.9%提高到2019年的60.6%；城镇常住人口由1978年的1.72亿提高到 2019 年的 8.48 亿。综合灾害风险研究计划（IRDR）中国国家报告指出，我国不同地区受到气候和地理环境的影响，灾害风险类型也各有特点。例如，东部沿海地区：雾霾、城市水灾、城市热岛、海平面上升等；中部和中西部干旱半干旱地区：干旱、洪涝、冰冻雪灾等；西部山地丘陵地区：干旱、洪涝、地震、地质灾害等①。人口社会特征与自然环境、灾害风险特征的叠加，使得气候变化对人居环境的影响机制与适应需求更具复杂性和挑战性。

二　人居环境是由多个要素构成的“社会－生态复合系统”

从气候适应性来看，人类社会与自然生态系统是相对独立的适应主体，二者构成的人居环境系统则属于典型的“社会－生态复合系统”（Social-Ecological Systems, SESs），是由自然环境、基础设施和人类社区等子系统组成的一种复杂适应系统。复杂适应系统（Complex Adaptive System, CAS）是由多个子系统、多层次要素组成的有机整体，其主要特性有：整体与部分紧密相连，系统结构、功能及演化机制具有复杂性和随机性；系统具有主体性和自主性，信息处理不依赖中央控制系统；开放性、非均衡、不确定性是常态；具有路径依赖性，正反馈和负反馈机制并存，共同维持系统运动等②。

---

① 郑艳：《新型城镇化背景下我国韧性城市建设的思考》，《城市与减灾》2017 年第 4 期，第 61~65 页。

② 郑艳、张万水：《从〈黄帝内经〉看“韧性城市”建设的理与法》，《城市发展研究》2019 年第 5 期，第 1~7 页。

吴良镛[①]提出人居环境包含5个子系统：自然系统（气候、土地、植物和水等）、人类系统（个体的聚居者，侧重人的心理与行为等）、居住系统（住宅、社区设施与城市中心等）、社会系统、支撑系统（住宅的基础设施）。本文基于复杂适应系统理论，将人居环境定义为人类居住区及其所依托的自然环境所共同组成的人系统。人居环境主要是满足人类对安全性、健康、便捷性、舒适性、归属感等的需求，可分为硬件与软件的人居环境，其中硬环境是指居住条件、基础设施、周边物质环境等；软环境主要与社区文化、娱乐休闲、社会交往等有关。

按照人类居住区与自然环境的构成比例，人居环境可分为城市与农村两种不同类型。人居环境作为“社会－生态复合系统”，可分为四个子系统（见图1）。

（1）建筑子系统（建筑基础设施）：依托住宅的人类社区环境、建筑设施等。

（2）生命线子系统（关键基础设施）：包括道路、基础设施、通信和能源等物质基础设施；

（3）生态子系统（绿色基础设施）：水系、土壤、林草、地质等自然和人工生态设施；

（4）社会子系统（人口与社会基础设施）：包括社区管理、教育科技、公共卫生、医疗保健、公共安全、社会保障、政策规划等。

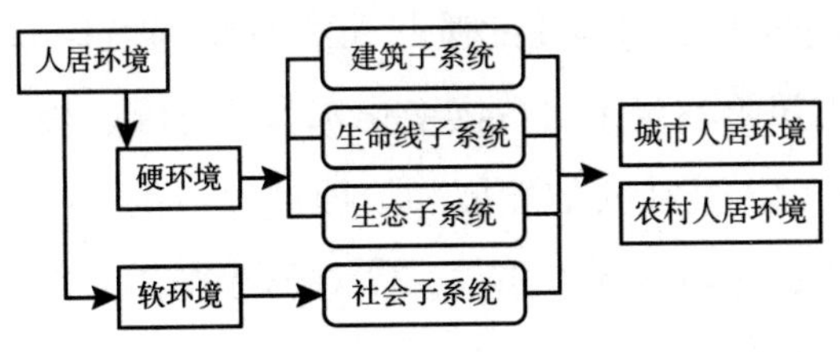

图1　人居环境“社会－生态复合系统”构成要素

---

① 吴良镛：《人居环境科学导论》，中国建筑工业出版社，2001。

三　气候变化背景下的人居环境面临着多样的新兴风险

IPCC[①]第五次科学评估报告指出，人居环境对于气候变化的敏感性主要表现在对经济部门、基础设施和人体健康的影响。其中，气候变化对农村人居环境的影响主要表现在影响淡水供应、粮食安全及农业人口生计等方面。城市地区则集中了大部分气候变化引发的风险，包括关键风险、突现风险和系统性风险，高风险地区的快速城市化尤其会加剧气候变化引发的脆弱性[②]。

气候变化与人居环境具有复杂的系统特征，表现为交互影响机制。未来极端气候事件的增多很可能导致城市气候承载力超限，影响人居环境的气候变化风险在加大，系统性风险、灾害链效应可能会增强；制定人居环境气候适应性改善目标与途径越发重要。全球气候和环境变化使得灾害风险的发生机理更加复杂，对此需要密切关注人居环境可能遭受的以下几类新兴风险。

（1）复合风险（Compound risk）：不同领域影响的叠加可导致许多地区出现复合风险。如由于气候变化和温度升高导致的冰川融化、海平面上升、海冰消融，与特定气象条件有关的雾霾引发的空气污染，城市化进程导致的热岛、雨岛、雾岛效应也被认为是一种多因素引发的复合型灾害。

（2）关键风险（Key risk）：强调人类系统与气候系统相互作用下的危害性，指出风险不仅来自气候变化本身（升温、极端天气气候事件等），同时也来自人类社会的发展和治理过程。包括：①独特及濒危的生态系统和文化；②极端天气事件；③对弱势群体的影响；④对全球生

---

① IPCC, *Climate Change 2014: Impacts, Adaptation, and Vulnerability*, Cambridge University Press, Cambridge and New York, 2014.

② 刘绿柳、许红梅、马世铭：《气候变化对城市和农村地区的影响、适应和脆弱性研究的认知》，《气候变化研究进展》2014 年第 4 期，第 254~259 页。

物多样性、经济系统等的综合影响；⑤海平面上升等大范围高影响事件。关键风险的判断标准包括高强度、高概率或影响的不可逆性，影响的时效性，风险的持续脆弱性或暴露度，适应或减缓的局限性等[①]。

（3）突现风险（Emergent risk）：气候变化的间接影响，包括人类应对气候变化的行动、生态系统对局地气候变化的响应，会引发更大时空范围影响的新风险。例如：①局地气候事件引发的全球粮食市场波动及粮食安全问题；②特定时间地点的气候事件导致的移民及相关风险；③气候变化与贫穷、经济波动叠加所引发的暴力冲突事件；④物种迁移对生态系统功能与保护的影响；⑤地方减缓行动（如生物能源开发）对其他地区（粮食、能源和土地利用）导致的不利影响[②]。

（4）系统性风险（Systemic risk）：指某些风险因素引发连锁反应，进而影响整个系统的结构、功能和稳定性，甚至导致系统崩溃的整体性风险。系统性风险的影响取决于"系统"的边界范围，系统越大、内部各要素之间关联越紧密，系统性风险的影响程度越大。《中英气候变化风险评估报告》[③]将系统性风险分为两种类型。①渐进性风险：具有典型的环境蠕变（Creeping）特征，风险累积具有缓发性和长期性，一旦爆发影响巨大且难以逆转，也称为"灰犀牛事件"，例如荒漠化、海平面上升、全球升温等。②突发性风险：一般指难以预测，发生具有意外性，但会产生重大负面影响的灾害性事件，也称为"黑天鹅事件"，例如突破历史纪录的台风、强降雨、持续高温、干旱、寒流等极端天气气候事件。

---

① IPCC, *Climate Change 2014: Impacts, Adaptation, and Vulnerability*, Cambridge University Press, Cambridge and New York, 2014；刘绿柳、许红梅、马世铭：《气候变化对城市和农村地区的影响、适应和脆弱性研究的认知》，《气候变化研究进展》2014年第4期，第254~259页。

② IPCC, *Climate Change 2014: Impacts, Adaptation, and Vulnerability*, Cambridge University Press, Cambridge and New York, 2014；刘绿柳、许红梅、马世铭：《气候变化对城市和农村地区的影响、适应和脆弱性研究的认知》，《气候变化研究进展》2014年第4期，第254~259页。

③ 中国国家气候变化专家委员会、英国气候变化委员会：《中－英合作气候变化风险评估——气候风险指标研究》，中国环境出版集团，2019。

四　气候风险对人居环境系统的影响

上述气候风险对于城乡人居环境中的经济部门、基础设施和人体健康等关键要素会造成各种不利影响。

（1）经济部门：例如罗慧等[①]分析指出，中国不同行业经济产出的气候敏感性从大到小依次为：农业、建筑业、批发零售业、工业、交通运输业、服务业、金融保险业、房地产业等。此外，依托交通、服务业、房地产等行业的旅游业也是高敏感的经济部门。例如，大风、沙尘暴、雷暴等极端天气对航空、公路交通业影响很大，大雾天气下的事故发生率一般为正常天气下的 5 ～ 10 倍。

（2）基础设施：由各种建筑物、构筑物、管道线路等组成，是支持和构成人居环境复杂系统的物质基础，维系城镇与区域经济、社会功能的生命线，包括交通、供排水、输油、燃气、电力、通信系统、水利工程等基础设施。其显著特点是：生命线系统都是由若干环节组成的，其中任一环节被破坏都可能会影响到整个系统的功能，造成灾害链效应甚至引发严重的系统失灵风险。例如，强降雨事件往往引发内涝和城市型水灾，威胁城市生命线。2013 年 10 月浙江余姚遭受近百年不遇的强台风袭击，21 个乡镇、街道全部受灾，70% 以上城区受淹，导致主城区交通瘫痪，城市供电、供水、通信系统中断，直接经济损失超过 200 亿元[②]。

（3）人体健康：世界卫生组织（WHO）[③]指出，健康的人居环境对于人类健康和发展至关重要，全球大部分健康风险和气候变化脆弱性都集中在城市地区，因此将城市化作为21世纪公共卫生面临的重大挑战之一。

---

① 罗慧、许小峰、章国材等：《中国经济行业产出对气象条件变化的敏感性影响分析》，《自然资源学报》2010 年第 1 期，第 112~120 页。

② 中国国家气候变化专家委员会、英国气候变化委员会：《中 – 英合作气候变化风险评估——气候风险指标研究》，中国环境出版集团，2019。

③ United Nations, SDG 11: Make Cities and Human Settlements Inclusive, Safe, Resilient and Sustainable, https://unstats.un.org/sdgs/report/2016/goal-11/.

其中，空气污染是最大的人居环境健康风险（见图2），全球有超过半数的暴露人口，2012年估计有370万人超额死亡（premature deaths）；不安全饮水、缺乏公共卫生设施威胁全球一半人口，每年导致80万人死亡，其中约1/7的人口生活在居住环境差、过度拥挤、基本基础设施匮乏的城市地区。

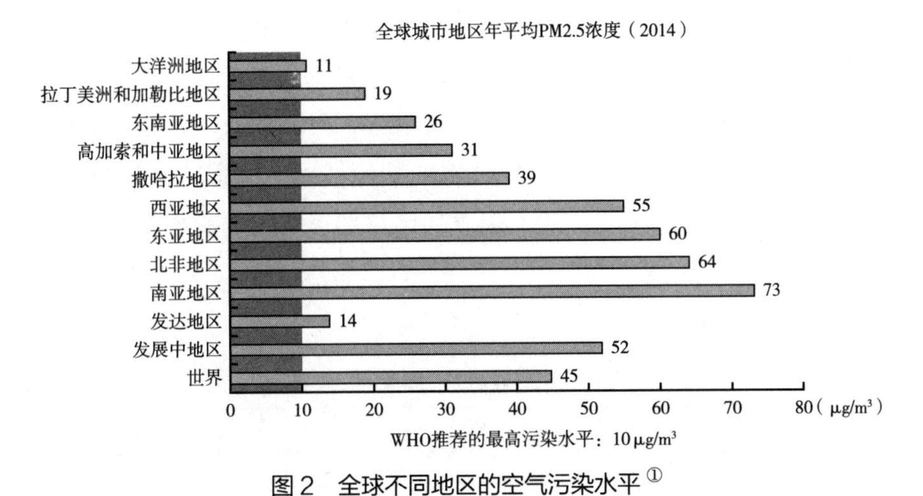

图2 全球不同地区的空气污染水平[①]

资料来源：https://unstats.un.org/sdgs/report/2016/goal-11/。

五 以系统科学为支撑，完善人居环境系统的协同适应策略

从气候变化造成的影响来看，人居环境四个子系统各有其风险和适应需求。国内外经验表明，由政府提供高质量的、具有气候防护能力的基础设施和公共服务体系，尤其是具有气候防护设计的生命线基础设施，协同生态保护与环境健康的绿色基础设施，针对气候脆弱群体的社会安全网等，是减少气候风险和脆弱性、提升人居环境适应能力的关键。

---

① World Health Organization (WHO), Health, Environment and Climate Change, 2019.04, https://www.who.int/health-topics/climate-change#tab=tab_3.

（一）建筑子系统

人居和建筑设计与气候、地理等自然条件密切相关，建筑子系统应对极端温度变化时，需额外提供夏季降温制冷、冬季升温取暖的供电和采暖量，可能加剧能源供需压力。此外，气候变化导致的极端灾害事件直接影响到建筑工程的安全性、适用性和耐久性，甚至毁损民居和建筑物，造成人员财产伤亡。建筑领域应对气候变化的基本途径包括：修订建筑设计标准，包括建筑节能、防灾标准等；发展新技术，包括新材料技术、新施工技术、节能技术、分布式能源技术、低影响开发技术等；提高全社会应对气候变化意识，提高居民极端天气下的避险和急救的知识和能力等（见表1）。

表1 气候变化对建筑系统的影响和适应途径

领域		影响	适应途径
建筑环境	建筑施工	极端天气增加了施工人员、施工设备的暴露度，影响施工安全	发展装配式建筑，优化施工方案等
		昼夜温差大容易使混凝土产生温度裂缝；暴晒和干热风可能导致水泥假凝或早凝	发展新型建材，优化施工技术等
	建筑运行	影响冬季供暖消耗和夏季制冷能耗，造成建筑舒适度下降	修订建筑节能标准，发展绿色建筑，倡导全社会节能等
		极端天气事件影响电力和热力的瞬间负荷，造成电力和热力的暂时中断	发展分布式能源，倡导全社会节能等
建筑材料	混凝土	温度升高、湿度增加、强风、CO_2浓度增加等影响混凝土碳化速度和耐久性	发展新型建材等
		气候变化可以造成混凝土变形	
	钢筋	温度升高、湿度增加、CO_2浓度增加等加快钢筋锈蚀速度	
	其他建材	降雨、高温和强烈的日照、二氧化碳浓度变化等影响塑料、石材、金属、砖瓦和木材等建筑材料寿命	

续表

领域		影响	适应途径
建筑结构	建筑基础	长期的土壤含水率下降或土壤侵蚀风化会导致地基位移。长期降雨情况下，雨水浸入基础下部会破坏承载土层强度	修订建筑地基设计标准，优化选址方案等
	建筑体	大风、暴雨、暴风雪等极端天气事件可能导致墙体变形甚至垮塌	修订建筑结构荷载标准、防洪标准，优化选址方案等

资料来源：根据相关资料整理。

（二）生命线子系统（关键基础设施）

提升人居环境生命线系统的灾害防御能力是适应气候变化的关键。表2列举了供排水、能源、交通、通信系统的气候风险影响及适应措施。例如，极端降雨量的不确定性变化对城市排水系统的性能提出了更高的要求，排水系统设计强度应考虑到降水频率和强度的增加，对未来排水能力的预期可能需要增加20%～80%[①]。纽约市2013年发布的城市适应计划《建设更强大、更韧性的纽约》中，强调要加强气候防护投资以"提高交通、电信、水和能源等设施应对严重气候事件的能力，加强海岸线防御以应对洪水和海平面上升"。

表2　气候变化对生命线系统的影响和适应途径

领域		影响	适应途径
供排水系统	设施	高温、干旱等事件对供水能力产生威胁	提高城市的供水能力；提高水资源综合利用率；全方位节约用水；提高城市排水设计标准；建设海绵城市，建设地下综合管廊等
		长期干旱可导致沿海城市海水倒灌	
		强降水、高温热浪等影响水质	
	管网	强降水可能造成排水系统负荷增加，管网超载	
		低温冰冻、强降水等可能造成管网损坏	

① Karsten Arnbjerg-Nielsen.,"Quantification of Climate Change Effects on Extreme Precipitation Used for High Resolution Hydrologic Design", *Urban Water Journal*, 2012(9): 2, 57-65.

续表

领域		影响	适应途径
能源系统	设施	长期干旱降低水电站发电能力	发展分布式能源；优化电网调度；节约能源；提高电力和天然气管网建设标准，建设地下综合管廊等
		高温、低温等事件影响能源消费总量及瞬时负荷	
	线路	大风、暴雨、暴风雪、低温冰冻、雷电等极端天气事件可能导致电网损坏、能源运输通道受阻	
交通系统	道路	大风、暴雨、暴风雪、低温冰冻、大雾等极端天气事件增加交通事故概率	优化道路设计，提高建设标准；发展智能交通系统等
		强降水可能造成道路积水点、诱发山体滑坡等造成道路中断	
	附属设施	极端天气事件影响车站、机场、港口等设施的正常运行	
	车辆	强降水等事件可能造成车辆损坏	
通信系统		大风、暴雨、暴风雪、低温冰冻、雷电等极端天气事件可能导致通信基站和线路损坏	优化通信线路，提高建设标准；建设地下综合管廊，降低通信线路的暴露度等

资料来源：笔者根据相关资料整理。

（三）生态子系统（绿色基础设施）

2000年《联合国气候变化框架公约》第五次缔约方会议最早提出绿色基础设施（Green Infrastructure）是一种“生态系统适应途径”（ecosystem-based adaptation），建议决策者将生态环境因素纳入土地利用和城市规划之中。绿色基础设施是指人造景观、生态工程、自然或半自然特征的生态系统，目的是协同生态效益与社会经济发展。欧洲环境署指出绿色基础设施具有多重生态服务功能：生物多样性保护、气候变化适应、气候变化减缓、水资源管理、食物供应、土地保护与开发、休憩和文化效益等①。

① 薄凡：《城市复合生态系统下绿色基础设施福利效应研究》，中国社会科学院研究生院博士学位论文，2019。

绿色基础设施相比高排放、高能耗的“灰色基础设施”更具成本效益和可行性。因而，发达国家和发展中国家城市普遍将公园绿地、湿地、造林等生态型适应作为低成本、可持续、多效益的协同措施，以应对高温和洪水等气候风险①。例如，美国环境保护署将绿色基础设施作为一种有效的雨洪管理技术和低影响开发措施，有助于利用土壤或植被实现自然水文循环过程，通过滞留、吸纳雨水降低市政水利设施投入，降低洪水灾害风险。2015~2016 年，我国住房和城乡建设部先后发布了 30 个国家级海绵城市试点，海绵城市建设采用“灰 – 绿 – 蓝”相结合的基础设施，“灰色”海绵技术如雨水管网、泵站等，“绿色”海绵技术如修建雨水花园、下沉式绿地及草沟等，“蓝色”海绵技术如河湖水系的保护、连通及调节等。目前国内外建设绿色基础设施主要有两种方式，一是依托自然生态系统的生态建设，如建造城市森林、人造湿地等；二是建筑和市政工程设施的生态化改造，如屋顶绿化、交通绿色廊道等（见表 3）②。

表 3 绿色基础设施的构成及其人居功能

类型	实现方式	组成结构	功能
生态设施化	单个自然要素纳入规划；线性廊道串联；废弃地修复；仿生人造生态系统等	天然生态系统；人造生态系统	提供生态系统服务:（1）改善生态系统结构功能;（2）替代改造工程设施
工程生态化	更新改造旧设施；新建绿色建筑、交通等；完善防护型生态设施工程等	生态环境治理工程；具有自然特征的仿生工程	提供社会经济服务:（1）提高生产效率;（2）提高区域连通;（3）降低污染;（4）减少资源消耗

（四）社会子系统（社区、人口与社会基础设施）

提升气候适应性的社会子系统主要体现在公共卫生、风险认知、科

① Brink, E., et al., “Cascades of Green: A Review of Ecosystem-Based Adaptation in Urban Areas”, *Global Environmental Change*, 2016(36):111-123.

② 薄凡:《城市复合生态系统下绿色基础设施福利效应研究》，中国社会科学院研究生院博士学位论文，2019。

普教育、社会保障体系等方面。近年来，国内外日益重视社会文化、风险意识等“人”的因素对于减小城市脆弱性、提升气候适应性的积极作用。例如一项针对上海居民的社会调查研究发现，公众对能源和环境等更广泛安全议题的关注，有助于提升他们对气候变化风险的重视及应对行动[①]。医疗、失业等社会保障体系，能够有效帮助居民减轻灾害损失、实现灾后恢复。为了帮助发展中国家脆弱群体应对气候风险，IPCC[②]推荐采用“适应性社会保障体系”（Adaptive Social Protection），通过政府提供正式的机制设计，如保证金、灵活的金融工具、再保险和国际援助等，弥补贫困群体储蓄、借贷和保险等方面薄弱和欠缺的适应能力，在遭遇气候灾害侵袭时发挥社会安全网的兜底作用。

世界卫生组织[③]发布《健康、环境和气候变化全球战略（2019—2023）》，倡议各国向健康人居环境转型，改变现有的生活、生产、消费和管理方式，应对环境健康风险挑战；提出在关键部门中加强协同规划，促进健康、环境与气候变化协同目标，例如：健康、饮水、农业和食物体系、运输、土地利用规划、劳动力、住宅、工业与服务业、能源等（见图3）。

六 加强城乡人居环境协同治理的策略

为了有效应对气候变化，我国已经发布了一系列适应气候变化政策，例如《城市适应气候变化行动方案》《林业适应气候变化行动方案（2016-2020年）》《全民节水行动计划》《国家综合防灾减灾规划(2016-2020年)》《绿色建筑行动方案》等，初步形成了自上而下的政策体系。

---

① Xie, X. L. , Lo, A. Y. , Zheng, Y. , et al.,“Generic Security Concern Influencing Individual Response to Natural Hazards: Evidence from Shanghai, China” , *Area*, 2014, 46(2): 194–202.

② Olsson, L., M. Opondo, P. Tschakert, et al.,“Livelihoods and Poverty” , in: *Climate Change 2014: Impacts, Adaptation, and Vulnerability* [Field, C.B., et al. (eds.)], Cambridge University Press, Cambridge, United Kingdom and New York, NY, USA, 2014, pp. 793-832.

③ World Health Organization (WHO), Health, Environment and Climate Change, 2019.04, https://www.who.int/health-topics/climate-change#tab=tab_3.

图 3 协同健康、环境与气候变化的关键部门

资料来源：World Health Organization (WHO), Health, Environment and Climate Change, 2019.04, https://www.who.int/health-topics/climate-change#tab=tab_3。

然而，主要由各部门和地方政府主导并实施的适应工作，存在适应行动各自为政、部门规划协同不足等问题。地方政府对适应气候变化重要性的认知水平，特别是制定气候适应政策的能力还存在明显局限[①]。针对发展中国家的案例研究表明，有效的适应决策必须协同考虑减排和发展目标，且有赖于政府支持、部门合作及社会参与[②]。《中国极端天气气候事件和灾害风险管理与适应国家评估报告》建议针对地区差异、因地制宜，加强不同领域及城乡地区之间的适应政策协同[③]。对此，需要将人居环境视为一个完整的社会 - 生态复合系统，在系统治理的思维下提升不同子系统的气候适应能力。

城市人居环境是气候变化影响及适应行动的热点领域。近年来，伴随着快速的人口城市化进程，城市气候灾害风险日益突出。我国目前正

① 彭斯震等:《中国适应气候变化政策现状、问题和建议》,《中国人口·资源与环境》2015 年第 9 期。

② Anguelovski, I.,Chu, E., Carmin, J. A., "Variations in Approaches to Urban Climate Adaptation: Experiences and Experimentation from the Global South" ,*Global Environmental Change*, 27(1): 156-167.

③ 秦大河主编《中国极端气候事件和灾害风险管理与适应气候变化国家评估报告》，科学出版社，2015。

在积极推进的气候适应型城市、海绵城市、地下管廊建设等政策试点，有助于提升城市绿色基础设施、灰色基础设施的适应能力和灾害恢复能力。

（一）加强城乡人居环境的协同治理

在人居环境领域的“城市主义”倾向下，乡村人居环境的研究和政策实践一直受到忽视[①]。对城乡人居环境如何协同应对气候变化的影响及其适应途径，目前仍缺乏关注和重视。近年来，伴随着快速的人口城市化进程，一方面，城市人居环境对人口、资源和污染物的承载力持续下降，气候灾害风险日益突出，城市安全备受挑战；另一方面，农村地区基础设施薄弱，对气候环境的依赖性高，气候变化加剧了贫穷、生态恶化、人居环境破坏等发展风险，农村地区不仅为城市地区提供菜篮子和生态产品，还被迫成为城市污水、垃圾、空气污染的排放场所，导致农村人居环境不断恶化。对此，需要在城乡公共服务一体化建设中协同环境治理和风险治理，推进城乡不同空间区域协同规划，加强城市中心区与外围郊区的功能互补和协同治理，以此提升整个城乡人居环境系统的气候适应能力。例如，世界银行、联合国粮农组织近年来积极倡导景观规划方法，将绿色基础设施建设理论和方法融入各类区域规划中，尤其是加强集历史文化遗产保护、生物多样性保护、水土气安全、防灾避险、乡村游憩网络等功能于一体的绿色基础设施规划。

（二）在试点建设中推进部门协同规划

为了提高城市适应气候变化能力，2017 年 2 月，国家发展改革委联合住房和城乡建设部发布了《关于开展气候适应型城市建设试点工作的通知》，要求以“安全、宜居、绿色、健康、可持续”为目标，在以下优先领域提升城市气候适应能力：城市规划、基础设施、建筑、生态绿

---

① 李伯华、刘沛林：《乡村人居环境：人居环境科学研究的新领域》，《资源开发与市场》2010 年第 6 期，第 524~527、512 页。

化系统、水安全、灾害风险综合管理体系、适应科技支撑体系等。2017年启动了28个气候适应型城市试点，其中半数以上试点城市兼有低碳城市、海绵城市、生态园林城市、智慧城市、地下管廊建设等国家级试点。从试点进展来看，由于缺乏经验和技术支持，不少城市开展的试点工作与适应目标脱节，适应行动多为各部门现有工作的“一筐装”，导致试点成效难以预期。对此，需要加强相关试点建设的协同规划和项目设计，发挥“1+1>2”的协同效益。例如，可借鉴并结合国外的低影响开发（Low Impact Development）、城市气候地图（Urban Climatic Map）、生态景观设计等多种现代规划技术，在海绵城市、气候适应型城市、低碳城市等建设试点中，通过综合利用海绵技术、城市风道、绿色交通廊道、生态建设等手段，实现雨污治理、雨洪利用，塑造建筑景观、增加植被覆盖及提升户外舒适性等，缓解城市热岛、雨岛、雾霾岛等带来的复合型环境问题[①]。

（三）加强政府、市场与社会的多主体协同

以行政命令为主的科层机制、以交易为主体的市场机制、以邻里互助为主的社区机制，是公共治理中最基本的三种治理手段。充分发挥这三种治理机制的优势，是提高人居环境适应能力的基本途径。政府可供支配的社会资源有限，而提高适应能力所需的资金量又十分巨大，必须依靠市场机制进行弥补。近年来，我国在环保基础设施领域提倡政府与社会资本合作的PPP模式，一定程度上缓解了地方政府的财政缺口。我国长期以来实行政府主导、主要依靠行政手段的自上而下的防灾减灾体系。有效的灾害保险制度可以在重大灾害发生时，充分发挥市场机制在调动资源方面的积极作用，与政府的灾害损失补偿形成合力，有效提高经济社会应对灾害的能力。党的十八届三中全会提出“建立巨灾保险制度”，深圳、宁波、云南、四川、广东、黑龙江等地推进天气指数保险

① 郑艳、张万水：《从〈黄帝内经〉看“韧性城市”建设的理与法》，《城市发展研究》2019年第5期，第1~7页。

试点。此外，政府也可以通过科普宣传、经济激励、环保行为引导等多种方法，助推企业和消费者关注人居环境、提升风险意识。例如，一些省市的气象部门推出了旅游地气候综合舒适度指数，包括温/湿度指数、风效指数和着衣指数等，为旅游者提供信息指南。中国气象局开展了国家气候标志评定，包括气候宜居城市、气候生态县/市、农产品气候品质标识等，引导社会主动适应、保护和合理利用气候资源与生态环境。

七 结语

气候变化与城镇化过程密切相关，气候变化风险、极端气候事件加剧了人居环境的脆弱性和暴露度。基于复杂适应系统理论，可以将人居环境定义为人类居住区及其所依托的自然环境所共同组成的大系统。气候变化背景下的人居环境在经济部门、基础设施、人体健康等多方面面临着多样的新兴风险。人们可从建筑子系统、生命线子系统、生态子系统、社会子系统等多个分系统来明确人居环境对气候变化适应性的具体途径。可以系统科学为支撑，从城乡协同、建设协同、多主体协同视角提出完善人居环境的协同适应策略。此外，还应进一步加强城乡人居环境的协同治理、在试点建设中推进部门协同规划以及加强政府、市场与社会多主体协同的策略。

V　参与式适应规划：江苏盐城黄海湿地案例研究*

由于气候变化这一环境问题的公共产品属性，因此适应规划的主体通常是政府相关部门，尤其是在国家和地方层面需要由政府主导，开展适应气候变化规划。为了凸显适应气候变化的重要性，国际城市积极制定城市适应规划，或城市韧性战略，以应对气候变化风险的挑战，并作为提升城市可持续性和长期竞争力的发展策略。

一　适应规划的内涵与特征

适应气候变化是指减小气候风险造成的不利影响或损失，增加潜在的有利机会。适应规划隐含的设计理念是“适应性管理”(Adaptive management) 或“适应性规划”(Adaptive planning)。从适应性管理的视角，可以总结出适应性规划的几个基本特征：①利益相关方的参与；②明确的、可测量的、可评估的共识性目标；③基于不确定性设计未来政策情景；④提供多种政策备选项以提高管理的灵活性；⑤监测和评估

---

* 作者：郑艳，中国社会科学院生态文明研究所研究员；石尚柏，中国社会科学院可持续发展研究中心客座研究员；叶谦，北京师范大学教授。

资助项目：科技部国家重点研发计划“重大自然灾害监测预警与防范”项目专题“我国重点领域和典型脆弱区的气候风险及适应研究”（编号：2018YFC1509003-1）。

过程；⑥强调“在实践中学习”（Learning by doing）。[①] 将适应性管理理念纳入适应政策和规划设计中，有助于改变传统的风险 - 应对式的风险管理方式，走向风险 - 适应性的管理路径。

适应气候变化与可持续发展密切相关。联合国政府间气候变化专门委员会（IPCC）科学评估报告指出，增强适应行动本质上就等同于促进可持续发展。由于适应气候变化的长期性和复杂性，适应政策和行动需要综合考虑气候风险、社会经济条件及地区发展规划等多项内容。适应规划可以根据不同的决策层面、政策部门和领域，设计不同的目标。既可以是单一部门的单一目标，也可以是与地区可持续发展、其他相关部门相结合的多元目标。例如，传统的灾害管理部门在考虑气候变化适应问题时，主要关注气候灾害及其风险，以减低气候灾害风险及其损失为目的。从国家和地区制定宏观发展战略的角度来看，适应规划需要与自然资源开发利用、减贫、减排、生态环境保护等多种目标结合起来考虑。因此，不仅需要关注极端天气气候事件及其灾害风险，还应将视野拓展到与国家安全、社会公平、脆弱群体、减贫与可持续发展目标密切相关的广阔领域。

国际机构针对适应气候变化的政策规划设计提出了各种分析框架。参见表 1。

表 1　适应规划方法学及其步骤

机构	内容	主要原则 / 步骤
世界资源研究所(WRI)	“国家适应能力框架”（NAC）	在能力建设的过程中推进适应行动，采用边干边学的方法，决策参与过程平等透明，考虑国情因地制宜及灵活地适应选择
经济合作组织（OECD，2009）	适应政策指南	界定当前及未来面临的气候风险及脆弱性； 甄别各种可能的适应对策； 评估并选择可行的适应措施； 评估“成功”的适应行动。 上述步骤中都需要对适应政策进行社会经济评估

① 郑艳、潘家华、廖茂林：《适应规划：概念、方法学及案例》，《中国人口·资源与环境》2013 年第 3 期，第 132~139 页。

续表

机构	内容	主要原则 / 步骤
联合国开发计划署（UNDP，2001）	《适应政策框架》	研究范围界定 scoping； 评估当前的脆弱性 assessing current vulnerability； 评估未来气候风险 assessing future climate risks； 制定适应战略 formulating adaptation strategy； 实施适应政策和行动 continuing the adaptation process

资料来源：郑艳、潘家华、廖茂林：《适应规划：概念、方法学及案例》，《中国人口 · 资源与环境》2013 年第 3 期，第 132~139 页。

为了推动气候政策研究与实践，英国政府于 2002 年制定了气候影响计划（UKCIP），设计了一个适应规划框架，旨在帮助决策管理者认识和减少决策过程中的不确定性（见图 1）。这一适应规划的分析框架被国际社会广泛采用，其特点在于：（1）基于风险评估的科学决策机制。通过对未来气候变化情景及社会经济发展情景的分析，提供各种可能的气候风险评估结果，以此来作为制定决策的科学依据。（2）基于适应性的政策设计，从寻求最优规划转向适应性规划。考虑到系统的不确定特性，放弃对最优化政策的追求，注重政策选择的灵活性和适应性，例如尽量选择无悔的政策措施，设计适应政策的路线图，分阶段逐步实施，避免投资或技术的锁定效应，便于及时调整和改变。

二　参与式适应规划

参与式调查方法（participatory investigation）是目前国内外在发展规划和政策评估中广泛采用的研究方法。参与式发展规划（participatory development planning）注重将利益相关方纳入发展政策设计的全过程，强调问题和行动导向、自下而上的信息搜集、重视地方知识和社区诉求、通过沟通和对话促进群体学习能力和凝聚力等。为了响应城市治理的需要，联合国人居署开发了《参与式城市决策支持工具》，包括四个步骤：（1）明确决策议题及利益相关方；（2）针对问题优先次序，建立合作与

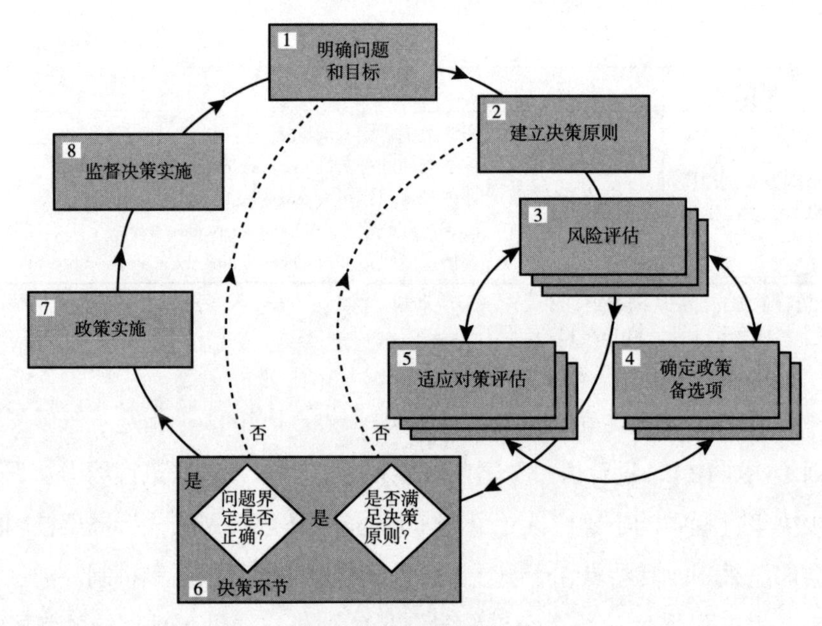

图1 适应规划的流程

资料来源：UKCIP, 2003，http://www.ukcip.org.uk/。

共识；(3) 形成策略并协调利益和矛盾；(4) 实施、监督与反馈。[①]受到传统集中决策方式的制约，参与式方法尚未在我国城市决策中得到充分应用。

参与式适应规划（Participatory Adaptation Planning）是一种基于参与式发展规划理念的适应决策方法，在适应气候变化规划和政策研究中广泛采用多种参与式调查方法和分析工具[②]。气候变化的影响、风险认知及适应决策涉及众多主体和领域，需要广泛搜集方方面面的知识和信息，参与式调查方法有助于研究复杂系统和具有不确定性的决策议题。常见的参与式适应规划的研究方法包括利益相关方分析、头脑风暴方法、SWOT 分析等。

---

① 参见叶敬忠、刘燕丽、王伊欢《参与式发展规划》，社会科学文献出版社，2005；李鸥编著《参与式发展研究与实践方法》，社会科学文献出版社，2010。

② 潘家华、郑艳、田展等：《长三角城市密集区气候变化适应性及管理对策研究》，中国社会科学出版社，2018。

（一）利益相关方分析（Stakeholder Analysis）

适应气候变化涉及不同领域和部门，不同发展阶段、不同国家和地区制定适应规划的重点目标和优先任务也会有所不同。因此，在制定适应规划时，需要考虑适应规划的适用范围，涉及哪些不同领域和部门，同时考虑某一个部门的适应性目标与其他部门的目标之间的关系如何，不同目标之间也许可以实现协同效应（co-benefits），也许需要权衡取舍。地方政府需要在制定适应规划时兼顾发展、适应气候变化、防灾减灾、就业、生态保护等多种发展目标，适应规划及各种公共资源的配置也需要考虑不同部门、不同目标的优先次序。

利益相关方分析是目前国内外在发展规划和政策评估中广泛流行的参与式发展研究方法，包括文献分析、案例研究、德尔菲法（专家咨询）、利益相关方研讨会、参与式调研、半结构式问卷等方法。为参与式决策开展的社会调研活动一般包括：(1) 座谈和研讨会，请访谈对象介绍部门工作情况，可进行群体访谈、焦点小组访谈、个体访谈等。群体访谈可采用文氏图、问题树、决策树、因果关联表、打分排序法等分析工具；(2) 拜访相关部门和机构，进行个体访谈；(3) 填写问卷或打分表，如适应政策评估的打分表。①

决策管理部门是利益相关方调研的重点对象，包括省市一级及区县一级的决策管理部门。根据其在适应治理中的功能和角色不同，可大致分为以下几类开展调研：①应对气候变化主管部门（如生态环境、气象）；②规划部门（如住建、规划、交通等）；③防灾减灾部门（如农业、气象、应急、水利、疾控等）；④自然资源和生态建设部门（如园林绿化、环保、林业、海洋等）；⑤社会政策部门（如社会保障、扶贫、科教文化、信息等）；⑥决策支持部门（如地方智库、高校、研究机构等）；⑦其他利益相关方（如企业、社会组织、社区等）。

在利益相关方调研中，可以重点了解各方在适应气候变化工作中的

---

① 郑艳、潘家华、廖茂林：《适应规划：概念、方法学及案例》，《中国人口·资源与环境》2013 年第 3 期，第 132~139 页。

现状、问题及需求，包括：①与适应气候变化相关的部门、管理机构、利益相关方有哪些？②适应气候变化的优先工作有哪些？如重点行业、脆弱群体、高风险区域。③对未来气候风险进行管理，现有的政策、机制、信息和资源有哪些？④建立一个良好的适应决策机制还有哪些障碍与薄弱环节？ ⑤适应气候变化的主要需求有哪些（保障机制）？如政策立法、发展规划、信息分享、公众参与、技术支持等。⑥不同利益相关方（决策者、专家、社会公众）对于适应决策机制的建议和对策等。

（二）头脑风暴方法（群体式评估方法）

头脑风暴方法可用于分析某一气候变化影响下的关键问题、适应目标及对策选项，通过建立问题树、目标树和决策树予以分析。这一方法能够确保“明确问题”以及问题分析过程的完善性和逻辑性。在明确中心问题后，首先，建立问题树，明确问题产生的原因和结果；其次，通过目标树验证问题树的逻辑性；最后，通过决策树来确定各项可行的对策。具体流程如图 2 所示。

问题树 ⇨ 目标树 ⇨ 决策树

图2　头脑风暴分析过程

以问题树为例，形式如图 3 所示。

在问题树的建立过程中，需要注意以下几点：①中心问题的确定是对问题的描述；②原因是解释性的，而非描述现象；③问题树中的表述必须是否定态。例如当中心问题是“水资源减少”时，地表水、地下水的下降则是问题的具体表现而非问题产生的原因，供水减少、水价上升等现象则是结果。

目标树的绘制形式与问题树类似，是通过将问题树中的冲突，否定态替换为相应的肯定态，用以验证问题树中各个原因或结果的逻辑是否一致。由于复杂系统中对中心问题的定义往往比较困难，当这一方法行不通时，可以删除目标树。

决策树是针对问题树中原因和结果的最后一个层次提出相关的政策

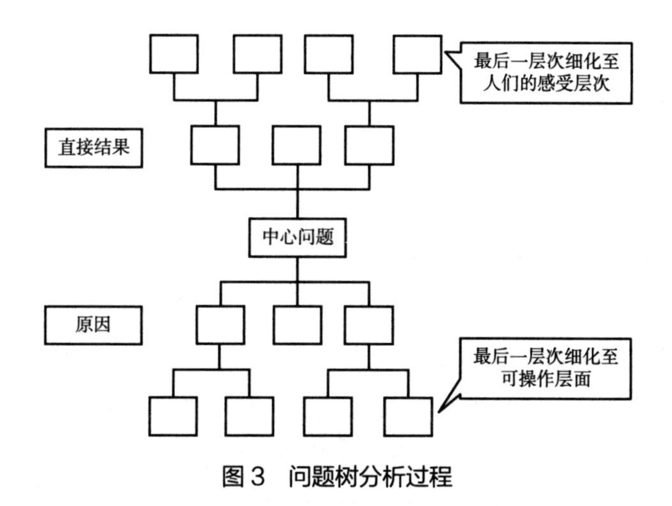

图3　问题树分析过程

和建议。决策树比较特殊的一点是，其上方是在问题产生后提出决策，我们称之为补偿措施或补救措施，是否定态；下方是在问题产生前提出相应的决策，因此我们称之为预防措施或预限措施，这一层面是肯定态。

（三）SWOT 分析

SWOT 分析也称为优劣势分析或战略分析方法，是管理学中广为应用的一种战略规划分析工具，常用于给区域、部门、企业等不同组织单位制定战略规划，近些年也常见于地区和城市的适应规划决策。SWOT 将与研究对象密切相关的各种主要内外部因素区分为优势（Strengths）、弱点（Weaknesses）、机会（Opportunities）和威胁（Threats），通过社会调查方法梳理出各典型要素，运用系统分析的思想，将各种因素相互匹配并加以分析，从中得出相应的策略（见表2）。

表2　SWOT 对策矩阵

矩阵	内部优势（S）Strengths	内部劣势（W）Weaknesses
外部机会（O）Opportunities	SO 战略：充分发挥内部优势，充分利用外部机会	WO 战略：充分利用外部机会，避开内部劣势
外部威胁（T）Threats	ST 战略：利用内部优势，尽量减小来自外部的风险和威胁	WT 战略：将劣势最小化，同时尽量避免风险发生

三　盐城市参与式适应规划案例

江苏省盐城市是长三角城市群 27 个中心城市之一，是江苏省“海上苏东”发展战略实施的核心地区，目前正在积极推进环黄海生态经济圈建设，在区域经济格局中具有独特的区域优势。盐城市常住人口 720 万，人均 GDP 达到 1.15 万美元，拥有便利的航空、高铁、高速公路等交通枢纽。2019 年 7 月，盐城市中国黄（渤）海候鸟栖息地被成功列入联合国教科文组织《世界自然遗产名录》。《盐城市城市总体规划（2013-2030）》提出建设沿海新兴中心城市和湿地生态旅游城市的目标。此次研讨会旨在加强中外交流，推进黄海区域生态保护与气候适应协同发展，为盐城市制定“十四五”规划、中长期发展战略、适应气候变化规划提供决策支持，建设绿色宜居的美丽盐城。针对盐城市的独特优势——全国第一个沿海湿地世界自然遗产，中国社会科学院可持续发展研究中心专家组针对“黄海湿地保护与适应气候变化规划”的主题，组织了一次头脑风暴及参与式适应规划研讨会。

（一）邀请利益相关方

参与群体评估的 12 位专家分别来自盐城市政府部门、企业界、高校及研究机构，包括盐城市发展和改革委员会、自然资源和规划局、生态环境局、住房和城乡建设局、农业农村局、市外事办、市自然遗产办、国家级珍禽自然保护区管理处、麋鹿自然保护区、盐城师范学院湿地学院、黄海湿地研究院及黄海金融控股集团。评估设立了协调人，由具有丰富参与式评估经验的专家担任，以引导和推进研讨活动，并根据利益相关方的诉求及时调整工作方案。

（二）参与式气候变化影响与风险评估

综合采用头脑风暴方法、问卷调查方法，了解各部门代表在工作中最关心的问题、挑战和障碍。针对盐城的特殊优势及发展需求，结合黄海湿地遗产管理与生态保护、气候变化适应与区域发展战略定位，借鉴欧盟城市经验，由协调专家引导盐城市政府部门代表开展头脑风暴讨论，分析汇总代表们提出的各自部门工作中最为迫切的问题和挑战，分析了气候变化背景下盐城市实现可持续发展可能面临的气候影响与风险。在与会代表们的提议下，中国社会科学院专家协助开展了 SWOT 分析，针对黄海湿地生态保护和适应规划进行了参与式评估。

盐城市气候变化风险评估采用了专家讨论、调查问卷两种形式。针对盐城市及黄海湿地保护区可能面临的气候风险类型，代表们提出了以下几种直接或间接风险：大气污染、热岛效应、干旱（下雨少）、（台风带来的）强降水和内涝、海平面上升（导致滩涂和海岸侵蚀）、疫病等。在调查问卷中，针对“您认为盐城市要实现‘生态立市’‘湿地生态旅游城市’目标，需要关注气候变化带来的哪些风险和挑战？”这一问题，半数以上代表都认为“湿地生态退化，栖息地动植物流失”是气候变化造成的最突出风险，其次是海平面上升引发的相关问题。

在讨论环节，各部门代表具体介绍了各自工作领域中常见的气候风险及影响，例如：（1）农业农村局：救灾抗灾是日常工作之一，龙卷风等不可预期的天气现象会对农业生产造成较大损失。（2）生态环境局：臭氧污染治理难度较大，浓度上升，成为当地重要的环境治理问题；水质下降、降水增多等，与气候变化直接或间接相关的城市生态环境问题也需要引起重视。主要治理挑战是公众意识和环境教育与环境保护需要不匹配。（3）自然资源和规划局：台风对林业等自然资源影响较大。（4）自然保护区：温度变化影响候鸟迁飞时间，降水、风暴潮变化影响栖息地等。

（三）黄海湿地适应规划的 SWOT 分析

针对参与式规划的评估主题，协调人提供了两个选项：（1）为盐城市制定适应战略 / 规划提供决策参考；（2）为黄海湿地开展适应规划提供研究支持。经过讨论，部门代表们一致选择了第二个主题，认为可以聚焦并深入问题。部门代表们深入分析讨论了影响黄海湿地保护的不利因素与具体建议，经过两轮群体评估并打分，得到SWOT初步结果（见表3）。

表3　黄海湿地适应规划研究 SWOT 分析

因素	有利因素	不利因素
	优势 S:	劣势 W:
内部因素	· 自然资源丰富度高，有特色 · 市政府领导重视湿地保护 · 政策规划立法有一定基础（如三年行动纲要，湿地保护规划等） · 机制机构建设，为科研人才资金机制奠定基础，企业市场化机制初具雏形 · 保护区电子监测系统初步建立 · 交通基础设施近年来有很大改善（空港、海港、高铁等日益完善） · 对外国际合作、科技信息交流等支持湿地可持续发展的工作开展较好	· 公众主动参与保护的意愿较低 · 国家与地方生态补偿资金不足，市场资金少（开发项目资金多，保护资金少） · 缺少成熟适用的保护技术和方法学支持（如世界自然遗产应对气候变化的适应性管理理念、适用技术不足） · 生态环境保护规划科学系统性不足，生物多样性监测不全面 · 湿地管理存在部门职责的交叉重叠（省直管） · 湿地保护管理人才资源不足 · 区位处于比较劣势，难以吸引人才、资金等发展资源 · 地方发展经济冲动大，保护动机不足（如围垦养殖与保护的关系不顺）
	机遇 O:	挑战 T:
外部因素	· 世界自然遗产国内外认可度高 · 区域发展机会多（长三角中心城市政策环境好） · 生态经济带、环黄海生态经济圈等发展前景广阔 ·（林草局等）部委重视，设立监测站，给予资金项目支持等 · 具有沿海地区优势，海洋产业、生态产业等绿色发展方向有比较优势 · 沿海生态旅游发展潜力大	· 保护不好的国际压力较大（政治层面，被重视、被关注） · 气候变化加剧相关灾害（湿地栖息地及候鸟生物链的影响等） · 气候变化引发的海岸侵蚀 · 世界自然遗产可持续利用可供借鉴的经验少 · 外来物种入侵 · 国家、省级、长三角等战略规划中未充分考虑气候变化风险及适应需求 · 开发活动带来的潜在影响，需有前瞻性的管理规划

1.SWOT 策略分析

（1）内部优劣势的对比分析：部门代表投票打分的结果（投票数/总票数）是优势 6/9，劣势 3/9，即优势显著大于劣势。

（2）外部机遇和挑战的对比分析：部门代表投票打分的结果是机遇

8/9，挑战 1/9，即机遇远远大于挑战。

综上考虑，开展黄海湿地保护的适应规划，内部优势与外部机遇突出，可以采用优势－机遇（SO）战略，即通过制度、社会、环境、经济和技术手段提高自身适应气候变化能力，趋利避害，弥补自身现有的劣势，发挥自身优势，充分利用外部的各种有利发展机遇，在气候变化背景下实现可持续湿地保护目标。

2. 适应对策分析①

对内部优势、劣势与外部机遇、挑战的内容进行重要性排序如下：

（1）优势：自然资源丰富，领导重视，政策法规体系有基础；

（2）劣势：公众参与意愿较低，缺乏充足的生态保护资金，缺乏成熟适用的保护技术和先进理念；

（3）机遇：国内外认可度高，部委重视，区域发展机会多；

（4）挑战：外来人才引进难，气候变化加剧，外来投资少。

其中，对自身劣势的两点主要内容进行问题树分析，可见这些核心问题与其他问题也存在一定的相关性。示例如图 4 所示。

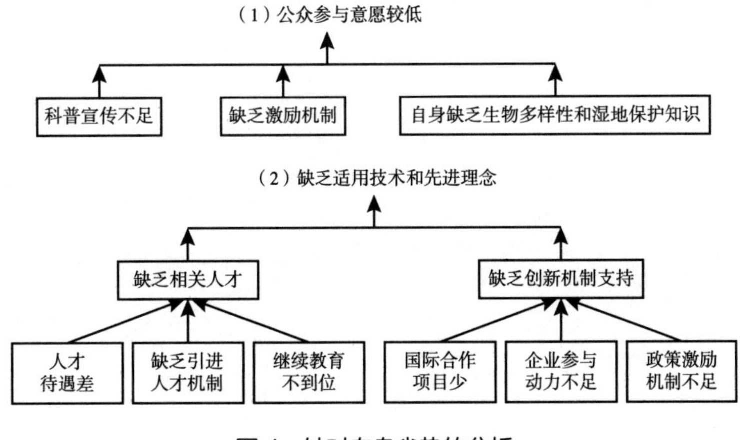

图 4　针对自身劣势的分析

① 适应对策的梳理与评估需要专门的评估过程，包括：（1）根据发现的主要问题进行问题树和对策树分析，提出具有针对性的初步对策选项；（2）结合相关部门的政策规划目标及优先行动，进一步筛选对策清单；（3）邀请专家或利益相关方开展适应对策评估。本案例中的具体过程从简。

针对以上两个突出的薄弱环节，提出克服黄海湿地保护内部劣势的部分适应对策建议。

（1）提升公众参与湿地保护的意识：针对科普宣传不足的问题，应加强湿地、生物多样性与气候变化的宣传教育；针对激励机制缺乏，可通过设立公众环境教育宣传日、建立湿地博物馆等活动吸引公众参与；针对公众缺乏生态与湿地保护知识，可以通过城市注册志愿者加强培训与宣传。

（2）鼓励科学适用的湿地保护适应技术和先进理念：针对人才不足应加大人才引进的政策力度，拓宽创新人才引进渠道；针对专业性和继续教育不足问题，可建立在职人员定期培训制度，促进湿地生态保护与适应气候变化人才的本土化；针对缺乏创新机制的问题，可以通过政策激励，鼓励企业参与生态保护和海洋经济、生态旅游等生态产业开发，积极引进国际项目和资金技术，学习国际先进的湿地适应性与保护经验等。

Ⅵ　陕西西咸新区气候适应型城市试点案例*

城市适应气候变化发展是应对全球气候变化的重要战略，是实现可持续发展的内在要求，是创新城市发展的重要领域。2017 年，西咸新区成功申请了气候适应型城市建设试点，立足“现代田园城市”的发展目标，结合海绵城市、地下综合管廊试点城市等国家级试点工作的协同建设，从制度机制、生态建设、气候融资、社会参与、科技创新、国际合作等方面开展了一系列的试点行动，取得了显著的先行示范效应。

一　西咸新区背景

西咸新区是中国 19 个国家级新区之一。作为落实国家区域战略、推动体制机制改革和城市治理体系创新的先行示范区，国家级新区在财政自主权、招商引资与税收政策、进出口和保税区设置、新区建设及产业用地、产业发展等方面享有特殊的优惠政策。2014 年 1 月西咸新区经国务院批复成为首个以创新城市发展方式为主题的国家级新区，旨在建设

---

* 作者：马洁云，陕西省超腾生态咨询股份有限公司；郑艳，中国社会科学院生态文明研究所研究员；周泽宇，国家应对气候变化战略研究和国际合作中心。
资助项目：国家社会科学基金《气候适应型城市多目标协同治理模式与路径研究》（编号：18BJY060）。

成为中国“丝绸之路经济带重要支点、西部大开发新引擎、中国特色新型城镇化范例”。

西咸新区下辖西安、咸阳两市 7 县（区）共 23 个乡镇和街道，规划控制面积 882 平方公里，其中城市建设用地 272 平方公里，现有户籍人口 106 万人，设置了空港、沣东、秦汉、沣西、泾河 5 个新城，以战略性新兴产业和现代服务业为重点方向，重点发展先进制造、电子信息、临空经济、科技研发、文化旅游、总部经济等主导产业。新区自然条件较好，位于中国南北方分界线秦岭以北的关中平原地区，海拔 400~700 米，地势平坦，黄河流域重要支流渭河、泾河、沣河穿境而过，气候带属于暖温带半湿润半干旱区，四季冷暖干湿分明，冬季干燥，夏季多雨，盛夏常少雨伏旱。西咸新区坚持生态立区，按照“绿水青山就是金山银山”的要求，加大生态系统保护力度，积极建设蓝绿交织、清新明亮、水城共融的生态新区。

二　气候变化对西咸新区的影响、脆弱性及未来风险

气候变化影响、脆弱性和风险评估是制定城市适应气候变化规划的重要决策依据。按照《气候适应型城市试点建设方案》的要求，西咸新区在试点新城开展了气候变化脆弱性评估，分析了气候变化对西咸新区城市发展的主要影响和潜在风险。

（一）气候变化的历史趋势及现状

根据西咸新区 1961 年以来的气象观测资料，近 50 多年来新区及周边地区由于区域气候变化和城镇化发展，局地气候变化较为明显，主要表现在以下方面。

（1）平均气温整体呈上升趋势，每 10 年上升 0.12℃ ~0.36℃，近 20 年平均气温明显偏高，其中以冬季平均气温的上升趋势最为显著。高温酷热天气显著增多造成城市用电量大增，例如 2016 年 8 月受持续高温天

气影响，新区电网单日最大负荷达到突破历史纪录的655万千瓦。

（2）区域小雨日数呈减少趋势，暴雨日数年际波动大，整体上有小幅增加趋势，近10年增加较为明显。多年平均降雨量约520mm，具明显的阶段性变化特征，1986~2000年降水量显著偏少，2000年以后降水量偏多。降水量年内变化表现为夏增秋减趋势，旱涝灾害并存。例如2014年7月29日，陕西省中南部地区遭遇严重的气象干旱，首次发布枯水黄色预警，咸阳城乡供水告急，造成居民正常饮水困难和巨大经济损失。

（3）年平均风速呈减小趋势，其中以春季减小趋势最为明显。风速减小不利于污染物的扩散，不利的气象条件导致雾霾天气增多，同时也与近年来关中城市群的快速发展有关。

（4）极端天气气候事件多发，极端强降水频次、强度呈增多增强趋势，7~9月降雨量占全年降雨量的50%左右，夏季多暴雨，增加城市内涝、局地洪水等灾害风险。

（二）气候变化脆弱性和风险评估

西北大学、陕西师范大学等高校联合开展试点地区气候脆弱性评估方法论证及研究工作。通过整合咸阳市近50年的基础气象资料，采用生态过程模型模拟、气候统计分析、RS/GIS技术等方法，辅之以敏感性人群问卷调查、AHP层次分析、影响矩阵分析等社会调查，根据区域人口、城市化指标等相关数据，利用压力－状态－响应（PSR）评估模型，辨识影响气候变化脆弱性的关键因素，识别受气候变化影响最大的领域、区域及人群。气候脆弱性评估报告包括敏感人群分布范围、敏感区域、高风险区域等内容，结合西咸新区整体规划和专项发展规划，可支持开展《西咸新区城市适应规划》，并指导后续规划编制、工程项目开发及应急体系建设。

评估结果表明：未来近30年，新区将面临增温加剧、降水趋多、年际变化率大、风速减小等趋势，表现为极端暴雨、冰雹与干旱等气象灾害并发，高温热浪与极端寒潮均可能出现；静稳天气增多，大气污染物扩散条件变差。此外，因新城规划建设导致的人口增加与集聚效应，将增大高温热浪等气候敏感和脆弱人群的暴露度；城市“热岛”“混浊岛”效应带来的次生影响将成为影响城市宜居性和气候韧性的最主要因素。上述不利因素将对未来新区的城市规划、生态环境、应急管理及相关基础设施建设提出更高的要求。

（三）未来气候变化的可能影响与风险

1. 对西咸新区城市发展规划的潜在影响

建设规划中的西咸新区既有不利的气候影响，也具有适应气候变化的有利条件，需要趋利避害。例如，在有利影响方面，在制定城市发展规划及开展工程项目建设时，可以前瞻性地考虑气候变化可能带来的风险，形成统筹适应规划、分规细化方案的精细化管理模式；针对不同新城的自然环境和发展定位，优化人口、产业、生态等城市结构和功能布局，例如利用气温升高、降水增多、河流遍布的有利气候和水土条件，建设“现代田园城市”。在不利影响方面，西咸新区是历史文化名城，是国内外重要的旅游目的地城市。空港新城依托西安咸阳国际机场，秦汉新城是重点文物和文化旅游资源富集地区，极端天气如暴雨、雷电、局地大风等不仅给航空、物流、交通、建筑等行业带来不利影响，还会加大区域文化旅游资源的保护压力，增加对旅游景区的安全运营和对游客管理的新需求。

2. 对新区城市生命线气候防护能力提出更高要求

未来极端天气事件增多，对气候敏感性较高的城市基础设施的规划、建设提出了更高要求，如道路交通、供水、排水、供电、能源供应等城市生命线系统要提升气候韧性，需要开展气候可行性论证，修改或提高建设标准，提升基础设施适应气候变化的保障能力。在极端强降水频率和强度增大的情景下，新区城市排水防涝系统可能会暴露出以下潜在风险：一是雨水管渠排水能力不足，排水能力小于 2 年一遇的管网为 173.84 千米，所占比例为 39.2%。二是城市排涝设施和体系不完善，城市建设使河道变窄，水系间连通不畅造成河流湖泊生态修复和雨洪调节能力降低，无法充分发挥调蓄作用；雨水调蓄空间、雨水行泄通道、内河整治等大排水系统方面考虑不足。三是新城建设存在规划管理的薄弱环节，例如新旧城建设标准不一致，老城区城市雨水管渠覆盖率仅为4.2 千米 / 千米 ^{2}，新建城区排水体系为雨、污分流制，雨水管道随道路同步敷设，多为合流制管网或散排，需要加强管网一体化建设并提高建设标准。

3. 需要关注城市群气象灾害及其协同响应

西咸新区位于咸阳、西安关中城市群的核心和交界地区，近年来集聚化效应导致人口增加和社会经济快速发展，与此同时，城市高温、强降水、雾霾天气频发，短时雷暴、局地大风、极强暴雨等多次引发城市内涝、地铁被淹、建筑物倒塌等事件，影响城市正常运行，威胁居民生命财产安全。新区发展过程中如果相关应急保障体系不够完善将增大风险的暴露度，引发灾害连锁效应，对此需加强新区与周边城市在极端天气预报、预警及应急体系建设方面的联动机制建设。

4. 气候变化影响城市生态系统和人居环境

近年来，西咸新区作为国家级新区发展迅速，气温升高，风速减小，“城市热岛效应”及“浊岛效应”逐步显现，气候变化导致的降水异常也给生态环境及水资源保护带来一定压力，需要深化区域生态环境保护，减缓气候变化给生态系统带来的影响，保护河流、湿地的生物多样性，改善人居环境，以便确保“绿水青山”“现代田园城市”的建设目标。

三 试点建设的主要行动

自 2017 年入选气候适应型城市建设试点以来，西咸新区秉承创新城市发展思路，选择沣西新城和秦汉新城分别作为海绵城市、生态宜居新城试点示范区，探索不同类型新建城区适应气候变化的发展思路，制订了“一年起步、三年实施、五年见成效”的分步走计划。经过 3 年多的努力，将适应气候变化能力转化成为提升城市气候韧性的软实力和硬实力，取得了一定的成果和经验。主要试点行动如下。

（一）试点组织机制建设

新区管委会专门成立了气候适应型城市建设试点工作领导小组，西咸新区生态环境局作为牵头部门，各职能部门具体负责各项重点工作。组织编制了以具体项目为支撑的《城市适应气候变化行动方案》，为全区开展城市适应气候变化提供指引。两个试点新城结合自身发展定位和优势，制定了《试点建设方案》和《适应气候变化三年行动方案》，提出了利用5年时间，通过加强城市规划引领、增加城市生态绿化功能、构建城市水生态、加强文物古迹保护、搭建防灾减灾体系及提高科技支撑，促进城市生命线、建筑及敏感人群适应气候变化水平全面提升。

在试点区域，将适应气候变化纳入城市建设规划，秦汉新城围绕绿色生态城区建设编制完成《秦汉新城绿地系统规划》、《秦汉新城都市农业规划》和各类市政基础设施专项规划；沣西新城编制《沣西新城雨水工程专项规划（修编）》《沣西新城排水（雨水）防涝综合规划》《沣西新城低影响开发设施专项规划》等，各项规划的实施落实为试点区域建设气候适应型城市提供了良好的发展平台和强劲的发展动力。

（二）提升城市气候韧性和宜居性的生态建设

新区在城市规划建设理念方面秉承“先规划、后建设”的原则，充分发挥试点地区生态绿化优势，确立了“大开大合”的现代田园城市共建发展布局，构建了“大田小镇”“大城小园”的模式，发挥了调整城市局部微气候的良好作用。同时，新区积极落实“城市组团＋绿色廊道＋优美小镇”等发展模式，充分利用新区在国家级海绵城市试点建设中的经验，全面提升城市水安全保障能力，为“西部地区示范双创基地”新区试点建设提供科技引擎，初步形成了绿色、低碳、安全、科技引领的城市基础设施建设体系，构筑提高城市韧性的重要基石。

西咸新区的“现代田园城市”建设理念本身符合适应气候变化的要求。西咸新区已初步形成并构建了以大西安中央公园为核心，以自然河道、中央绿廊、环形公园、街头绿地四级开放空间构建的城市生态体系。传统的地下排水管网已逐渐被绿廊、植草沟、蓄水花园、下凹式绿地等海绵设计替代，新区10个积水易涝点已全部消除；绿化面积不断扩大，同期平均温度较相邻的西安、咸阳两市低约1℃，地下水位也较2015年回升3.43米。截至2020年底，西咸新区建设现代田园城市240万平方米，海绵型道路50余公里，韧性公园绿地140万平方米，达到了50%以上绿地覆盖率，人均公园绿地面积21平方米。“100米见绿、300米进园”的绿色之城轮廓初现，初步实现“小雨不积水、大雨不内涝、水体不黑臭、热岛有缓解”的目标。环绕城市微型公园的宜居生态环境，初步起到了调节局部微气候的作用，也有助于缓解城市热岛和浊岛效应，改善人居环境舒适度。

（三）开展海绵城市、地下管廊城市等协同试点建设

按照“统筹兼顾、因地制宜、协同推进、广泛参与”原则，结合国家气候适应型城市试点建设要求及新城的发展定位，新区确定了两个试点城区的协同建设思路：（1）秦汉新城：以气候适应型城市和宜居城市“双城”共建，同时结合文物保护特点，提出加强文物古迹保护、搭建防灾减灾体系及提高科技支撑；（2）沣西新城：以气候适应型城市与海绵城市建设统筹推进，丰富气候适应型试点城市建设内涵。

海绵城市建设是西咸新区开展试点建设的优势和基础之一，依托沣西新城海绵城市试点，在全新区开展并深化海绵城市建设。完善海绵城市体系建设、开发低影响雨水系统、加强防洪排涝体系建设等方面有力支撑了西咸新区气候适应型试点建设。同时，结合新区搭建的智慧海绵信息化平台，充分发挥物联网平台的作用，有助于全面提高试点地区适应气候变化的能力。

此外，试点建设还结合住建、交通、能源等相关部门工作，协同推

进城市综合管廊、绿色城市、低碳城市、无废城市等试点建设。例如，充分发挥新区优势，努力推进综合管廊建设，到 2020 年建成 74.45 公里地下管廊，减小通信、电力、供热燃气等基础设施的气候风险暴露度；完善试点区域“公交 + 慢行”的模式，实现公交领域新能源车应用率 100%，充分发挥新区慢行道路和绿地系统优势；完善《西咸新区绿色建筑标准》，科学推广超低能耗绿色建筑，采用清洁方式供暖的建筑面积已达 167.4 万平方米；开展沣西新城管理委员会屋顶绿化工程，可截留雨水 64.6%，每年约截留雨水 1100 吨，每年约滞尘 40.3 千克。

（四）提升气候防护的科技支撑能力

适应气候变化涉及多学科、多领域，西咸新区搭建了“科研院所技术支撑 + 高校研究理论指导 + 生产企业技术配合 + 施工单位应用实践”的跨学科、多要素整合协同创新的研究支撑模式，先后联合长安大学、西安理工大学、西安建筑科技大学、西安公路学院等多家高校及科研院所联合开展专项研究，支持制定项目指南和各项标准规范，为海绵城市、气候适应型城市建设提供技术和研究支撑。

在科技创新方面，充分利用西咸新区西部云谷、大数据中心等科技载体，开展了气象大数据服务功能的挖掘和创新，将适应气候变化与信息科技紧密结合，注重提升气候变化风险管理能力。例如，建立了气候变化风险预警的体制机制，及时预报天气情况，提前两小时预警极端天气气候事件；建立大雪、冰冻、雾霾等天气气候事件的应急预案体系，提升风险监测评估能力；借助沣西新城海绵城市监测网络建设，强化了城市微气象监测网，全面提高了城市微气象监测能力。利用西咸气象大数据平台建设应急监测信息系统，逐步实现对极端天气事件的信息化监控，全面提升新区对极端天气事件的管控能力。

（五）创新气候适应的融资途径

西咸新区成立与社会资本合作（PPP）工作领导小组，制定《陕西省西咸新区实施政府和社会资本合作（PPP）项目奖补办法》，以气候适应型城市建设试点专项补助资金为基础，放大财政资金杠杆作用，促进绿色产业金融体系创新，以股权和债权两种方式投资于新区建设。一是与民生银行建立陕西首只绿色海绵发展基金 12 亿元；二是与建设银行按照 1∶3 比例出资成立城镇化建设发展基金（共 60 亿元），其中海绵专项 26.42 亿元；三是与政策性金融机构成立专项建设基金（共 6000 万元），创新引导金融机构共同服务海绵城市建设；四是积极采用 PPP 模式，将公益性管网、片区海绵城市建设与可经营污水处理设施捆绑打包，引入资金 12.37 亿元，有效保障试点建设资金需求。目前，西咸新区共实施适应气候变化类项目 42 个，总投资 106.8 亿元，已完成投资 33.6 亿元，其中秦汉新城水生态景观工程、沣西新城海绵城市核心区建设等 6 个项目被列入 PPP 模式，总投资 69.2 亿元，已完成投资 19.4 亿元。

（六）推动社会参与和能力建设

西咸新区积极普及适应气候变化科普知识，促进全民了解并参与适应气候变化，有序开展了适应气候变化理念和健康保护知识基本普及，开展了城市适应气候变化培训与宣教活动。

新区积极推进适应气候变化的国际合作。2018 年，在沣西新城举行了中国气候适应型城市建设国际研讨会，由生态环境部应对气候变化司、住房和城乡建设部建筑节能与科技司、德国国际合作机构（GIZ）、亚洲开发银行（ADB）联合主办，陕西省西咸新区沣西新城管委会承办，邀请国内外专家及 28 个气候适应型试点城市代表参会，分享中外城市适应气候变化成功经验，为中国开展韧性城市建设献计献策。2019 年 9 月，召开了欧亚经济论坛气象分会，以“气象大数据应用，助推高质量发展”为主题，助力经济社会高质量发展。

2019~2020 年，沣西新城与宜可城（ICLEI，地方可持续发展协会东亚办公室）建立合作，开展城市韧性评价技术导则培训活动，根据联合国防灾减灾署的城市灾后恢复能力评估模型（Disaster resilience’s core card for cities），将通过评估试点新城在面对气候变化过程中的城市发展韧性，提升城市管理者对城市韧性的理解和韧性规划能力。

四 试点经验与建议

西咸新区结合自身新建城区的发展特点和创新型城市发展的总体优势，提出了同步提升适应气候变化的软实力与硬实力的建设思路。（1）在提升适应硬实力方面，西咸新区以高标准新建城区为重点，生态田园城市为定位，通过绿城建设、清洁能源利用、综合管廊、建筑垃圾再利用、海绵城市建设等工程项目，对气候适应型试点城市建设提供实际支撑。（2）在提升适应软实力方面，提出新建城区从规划和顶层设计层面，将适应气候变化纳入城市规划建设的各个方面。"十四五"时期是全国推进高质量发展的关键时期，西咸新区将制定"十四五"适应气候变化工作计划，引导5个新城全面开展适应气候变化工作。

西咸新区的试点经验为同类型城市提供了一个参考范例。2019年，沣西新城海绵城市试点建设通过财政部、住建部、水利部专家组考核验收，并成功获批联合国教科文组织全球生态水文示范点[①]。国内的气候适应型城市试点建设也需要挖掘不同地区城市的试点经验，未来提升试点建设工作的成效，可以从以下方面加强支持。

一是适应气候变化是一项长远的工作，也是衡量城市发展韧性、宜居程度的标准之一。目前在国家层面没有明确提出试点城市开展具体工作的技术导则或考核评价指标，需要从国家层面或国际层面给予引导和支持，提出一套适用于中国不同地区、不同类型城市的气候韧性评价体系。

二是利用多种融资途径筹集适应资金。气候适应型城市建设涉及方方面面，目前西咸新区结合海绵城市、宜居城市等试点正在建设重点工

① http://ecohydrology-ihp.org/demosites/view/1220.

程项目，协同推进城市适应气候变化目标。未来需要针对敏感行业和脆弱群体的适应需求开展增量型的适应行动，除了从国家和地方政府相关部门筹措资金外，还需要探索和扩大适应行动的市场化融资机制，例如开展天气指数保险、利用债券市场等拓宽资金渠道。

三是借助制定《国家适应气候变化战略 2035》的有利契机，总结经验，加强试点经验的宣传和推广。充分利用国外的外部资源，包括欧盟、亚行等国际机构的项目、资金和技术支持，借鉴欧盟和亚洲发达国家城市的经验案例，支持试点地区开展气候变化基础研究和政策实践。

图书在版编目(CIP)数据

中欧城市适应气候变化：政策与实践 / (德) 帕勃罗·甘达纳，郑艳主编. -- 北京：社会科学文献出版社，2021.7

ISBN 978-7-5201-8544-8

Ⅰ.①中… Ⅱ.①帕… ②郑… Ⅲ.①城市气候-气候变化-对策-研究-中国、欧洲 Ⅳ.①P463.3

中国版本图书馆CIP数据核字（2021）第115063号

中欧城市适应气候变化：政策与实践

主　　编 / ［德］帕勃罗·甘达纳　郑　艳
执行主编 / 金竞男

出 版 人 / 王利民
责任编辑 / 陈　颖

出　　版 / 社会科学文献出版社·皮书出版分社（010）59367127
地址：北京市北三环中路甲29号院华龙大厦　邮编：100029
网址：www.ssap.com.cn
发　　行 / 市场营销中心（010）59367081　59367083
印　　装 / 北京玺诚印务有限公司

规　　格 / 开　本：787mm×1092mm　1/16
印　张：12.25　字　数：176千字
版　　次 / 2021年7月第1版　2021年7月第1次印刷
书　　号 / ISBN 978-7-5201-8544-8
定　　价 / 128.00元